Erstmals erschienen unter den Titeln:
Die Sonnen-Uhr
Die Schmetterlings-Uhr
Die Blumen-Uhr
Einband und farbige Illustrationen von Una Jacobs
Satz: Sabine Conrad, Rosbach
Reproduktion: Die Litho, Hamburg
Druck und Bindung: Himmer AG, Augsburg
Printed in Germany 2009
ISBN 978-3-7707-6452-5

www.ellermann.de

Una Jacobs

Die große Natur-Uhr

Das Jahr der Sonne, der Schmetterlinge
und der Blumen

ellermann

Die Sonnen-Uhr

Mit Pflanzen und Tieren durch das Sonnenjahr

Die Sonne und die Erde

Dieses Buch erzählt von der Sonne, die mit ihrem Licht, ihrer Wärme und ihrer Kraft dich und mich und alles Lebendige erhält.
Als kleine, runde Scheibe sehen wir die Sonne am Himmel. In Wirklichkeit aber schwebt sie wie ein gewaltiger Feuerball im Weltraum. Unablässig schleudert sie ihre glühenden Strahlen nach allen Seiten. Einige davon treffen auf eine blau schimmernde Kugel. Das ist die Erde, die zusammen mit dem winzigen Mond durch den Weltraum fliegt. Zum Glück ist die Sonne so weit weg, dass ihre Strahlen die Erde nicht verbrennen. Sie ist aber doch so nah, dass die Erde genügend Wärme erhält und Pflanzen, Tiere und Menschen hier leben können.

Auf der Seite der Erdkugel, die gerade von der Sonne beschienen wird, ist es hell. Dort ist es Tag. Die andere Seite können die Strahlen jetzt nicht erreichen, sie liegt im Schatten. Dort ist es dunkel, es ist Nacht. Wenn auf der einen Seite die Menschen erwachen, gehen zur gleichen Zeit die Menschen auf der anderen Seite schlafen.
Tag und Nacht wechseln einander ab. Das kommt daher, dass sich die Erde, auf der wir wohnen, wie ein Kreisel dreht. Dazu braucht sie 24 Stunden. Wenn es bei dir Nacht wird, dreht sich dein Wohnort langsam von der Sonne weg in den Schatten hinein. Und wenn es bei dir wieder Tag wird, wandert dieser Ort langsam aus dem Schatten heraus ins Sonnenlicht. So trägt die Erde dich und alle Erdbewohner mit sich durch Licht und Schatten.

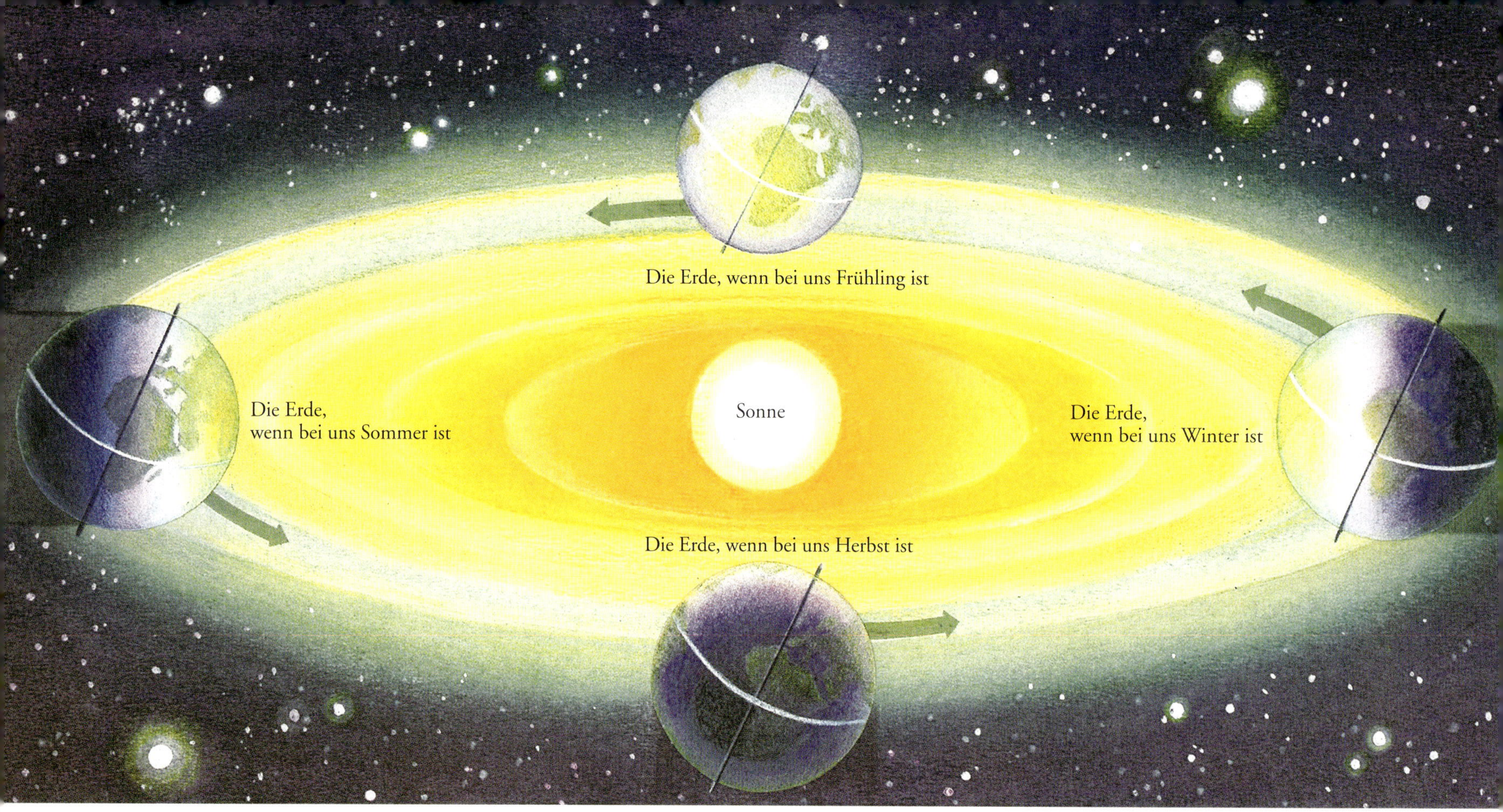

Die Sonne und die Jahreszeiten

Vielleicht hast du schon einmal einen Globus gesehen. So nennt man eine Nachbildung der Erdkugel. Der durch den Globus gehende Stab stellt die Erdachse dar. Um die Achse dreht sich die Erde und so entstehen Tag und Nacht. Aber die Achse, die man in Wirklichkeit gar nicht sieht, steht nicht gerade, sondern etwas schräg. Das ist wichtig, denn es bewirkt, dass es die Jahreszeiten gibt.
Stell dir vor, du könntest vom Weltraum aus zusehen, wie die Erde auf einer großen Bahn um die Sonne wandert. Ein ganzes Jahr braucht sie dazu. Immer bleibt ihre Achse in derselben schrägen Stellung. Deshalb bekommt einmal der obere Teil der Erde mehr Sonne, einmal der untere. Wir wohnen auf dem oberen Teil der Erde, auf der nördlichen Halbkugel. Wenn diese mehr Sonne bekommt, ist bei uns Sommer. Ein halbes Jahr später ist dieser Teil von der Sonne weggeneigt. Dann ist es bei uns Winter. Im Frühling und Herbst scheint die Sonne auf alle Teile der Erde ungefähr gleich. Auf der südlichen Halbkugel sind die Jahreszeiten genau umgekehrt. Wenn bei uns Winter herrscht, ist dort Sommer.
Auf dem Bild oben siehst du, wie die Erde im Weltraum um die Sonne kreist. Weil du aber auf der Erde stehst, sieht alles ganz anders aus. Nun scheint die Sonne über den Himmel zu wandern. Sicher kennst du den Spruch: »Im Osten geht die Sonne auf, im Süden steigt sie hoch hinauf, im Westen wird sie untergehn, im Norden ist sie nie zu sehn.«
Den Weg der Sonne über den Himmel nennt man Sonnenbogen. Er ändert sich jeden Tag im Jahr. Je länger die Sonne für den Bogen braucht, desto länger werden die Tage. Und je steiler ihre Strahlen die Erde treffen, desto wärmer wird es auf der Erde.
Die vier Bilder auf der nächsten Seite zeigen, wie der Sonnenbogen in den vier Jahreszeiten bei uns aussieht.

Der Sonnenbogen

Bei *Frühlingsanfang,* am 21. März, braucht die Sonne für ihren Weg vom Aufgang bis zum Untergang etwa 12 Stunden, also einen Tag. Tag und Nacht sind jetzt gleich lang. Aber jeden Morgen kommt die Sonne früher hervor und geht am Abend später unter. Die Tage wachsen. Immer länger und steiler fallen die Strahlen der Sonne auf die Erde und bringen deshalb mehr Licht und Wärme.

Bei *Sommeranfang,* am 21. Juni, ist es etwa 16 Stunden hell. Nun ist der längste Tag, es ist Sommersonnenwende. Mittags erreicht die Sonne ihren höchsten Stand im Jahr. Lang und steil treffen ihre Strahlen die Erde. Aber von jetzt an sinkt der Sonnenbogen wieder und die Tage werden kürzer.

Bei *Herbstanfang,* am 23. September, sind Tag und Nacht wieder gleich lang, wie beim Frühlingsanfang. Jeden Morgen wird es etwas später hell und am Abend etwas früher dunkel. Immer kürzer und schräger treffen uns die Sonnenstrahlen und dadurch wird es immer kühler.

Bei *Winteranfang,* am 21. Dezember, ist der Sonnenbogen ganz flach. Es ist Wintersonnenwende, also der kürzeste Tag im Jahr. Es ist dunkel, wenn du aufstehst, und es ist schon wieder dunkel, wenn du ins Bett gehst. Aber von jetzt an werden die Tage wieder länger und Licht und Wärme kehren zurück.

Über die Sonnenstrahlen

Wenn am Morgen die ersten Strahlen der Sonne in dein Zimmer scheinen, haben sie schon einen Weg von vielen Millionen Kilometern hinter sich Sie brauchen dazu nur 8½ Minuten, denn mit unglaublicher Geschwindigkeit schießen sie durch den Weltraum ①. Zum Glück kommen sie nicht so bei dir an, wie die Sonne sie abgeschickt hat, denn sonst gäbe es auf der Erde kein Leben. Eine dicke Luftschicht, die Atmosphäre ②, hüllt die Erde wie eine weiche Decke ein. Sie ist ein guter Schutz, denn ein großer Teil der Strahlen prallt an ihr ab und wird zurückgeschickt in den Weltraum. Nur wenige durchdringen sie und die darunter liegenden Wolkenschichten ④. Doch von diesen Sonnenstrahlen hängt alles Leben auf der Erde ⑤ ab.
Nach der Dunkelheit der Nacht macht die Sonne am Morgen dein Zimmer hell und alles wird wieder sichtbar. Das *Sonnenlicht* ist stärker als Millionen Kerzen oder Glühbirnen. Es ist sogar so stark, dass es deinen Augen schadet, wenn du direkt in die Sonne schaust.
Sonnenstrahlen kannst du nicht nur als Licht sehen, sondern auch als Wärme fühlen. Es ist die *Sonnenwärme.* Die Atmosphäre lässt sie nur zum Teil herein und das ist gut so, sonst würden bald alle Meere kochen. Sie hält die Wärme aber auch über der Erde gefangen und lässt sie nicht so schnell wieder in den Weltraum entweichen. Es ist ähnlich wie bei einem Auto, das in der Sonne steht. Innen ist es wärmer als außen.
Nicht alle Strahlen der Sonne sind gut für uns. Im Gegenteil, manche können uns sogar schaden. Es sind vor allem die Ultraviolett-Strahlen. Eine besondere Schicht der Atmosphäre, die Ozonschicht ③, lässt nur wenige durch. Obwohl wir diese Strahlen nicht sehen, merken wir sie bald, denn wir bekommen einen Sonnenbrand. Unsere Haut schützt den Körper davor; sie wird braun und bewahrt uns so vor größerem Schaden.
Sonne und Weltraum, Erde und Atmosphäre sind unermesslich weit entfernt und von gewaltiger Größe. Damit du sie dir besser vorstellen kannst, wurden sie hier auf den Bildern stark vereinfacht dargestellt.

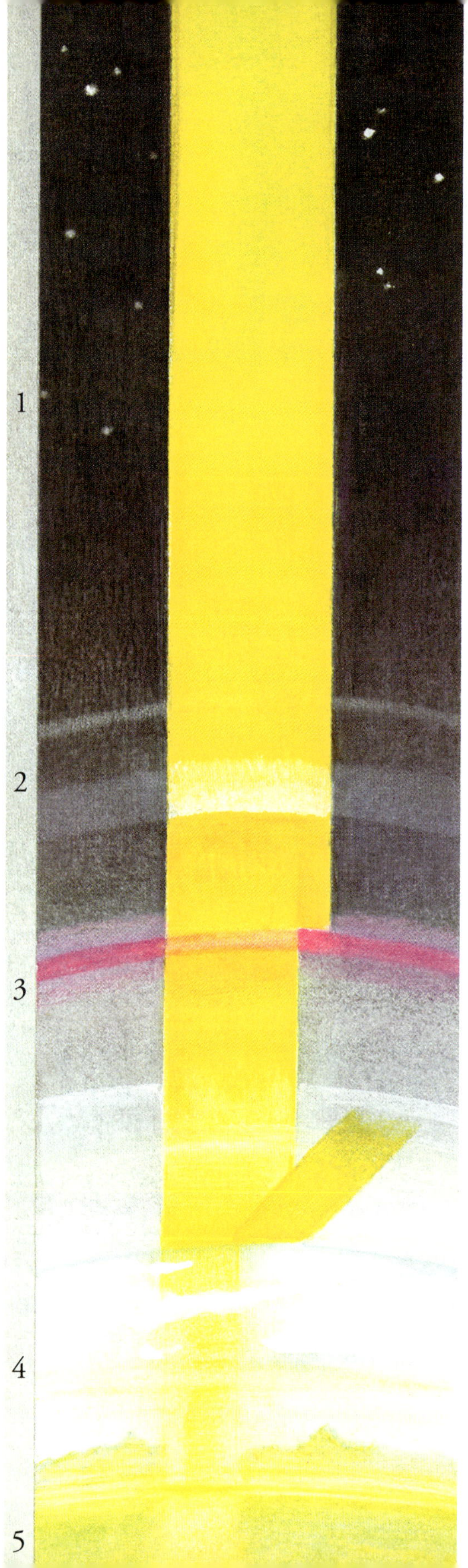

Der Regenbogen und die Farben

Manchmal geht ein Platzregen nieder. Wenn zur gleichen Zeit die Sonne durch ein Wolkenloch spitzt, wird aus dem Sonnenlicht ein Regenbogen. Als es durch die Regentropfen schien, hat es sich verändert. Nun sieht man, dass das weiße Sonnenlicht aus einzelnen Farben besteht. Es sind die Regenbogenfarben Rot, Orange, Gelb, Grün, Blau und Violett.

Obwohl alles vom gleichen weißen Sonnenlicht beschienen wird, zaubert jeder Gegenstand eine andere Farbe daraus hervor. Ein Blatt erscheint uns grün, weil es nur den grünen Anteil des Lichtes zurückwirft, während alle fünf anderen Regenbogenfarben darin verschwinden. Der rote Marienkäfer spiegelt nur den roten Anteil zurück. Weiße Dinge reflektieren alle Anteile des Sonnenlichts. Deshalb erscheinen sie für uns weiß. Schwarze Dinge dagegen verschlucken alles Sonnenlicht und dazu noch die Sonnenwärme. Darum werden sie oft richtig heiß. Vielleicht hast du das selbst schon einmal bemerkt, als du an einem warmen Tag auf dem dunklen Asphalt barfuß laufen wolltest?

Wie schön ist eine bunte Sommerwiese oder ein schillernder Schmetterling! Die Farbenpracht in der Natur ist aber nicht nur dazu da, um uns zu erfreuen. Farben haben eine wichtige Aufgabe für Pflanzen und Tiere. Die leuchtenden Beeren zwischen den Blättern zum Beispiel werden von den Vögeln schnell gefunden. Der gelbe Löwenzahn, das violette Veilchen und viele andere Blüten locken mit ihren Farben Insekten an. Der grüne Laubfrosch möchte auf dem grünen Blatt möglichst wenig auffallen, damit ihn seine Feinde nicht entdecken.

Dieses Thermometer zeigt eine Temperatur von 20 Grad über null (+20°C). In einem feinen Röhrchen befindet sich eine blaue Flüssigkeit. Je wärmer es ist, desto mehr dehnt sie sich aus und klettert dabei in der Röhre nach oben.

Vom Wasser und von den Temperaturen

»Heute scheint die Sonne nicht«, sagt man manchmal, wenn der Himmel mit Wolken bedeckt ist. Aber die Sonne scheint natürlich immer. Nur versperrt ihr dann eine dicke Wolkendecke den Weg und lässt weniger Licht und Wärme durch.

An so einem trüben, grauen Tag regnet es oft in Strömen. Kaum scheint die Sonne wieder auf das nasse Land, auf die Pflanzen, auf Seen und Meere, verdunstet das Wasser. Dabei trägt die warme Luft es in winzigen Tröpfchen nach oben. Die Tröpfchen bilden Wolken und fallen als Regen wieder auf die Erde. So ist das Wasser in ewiger Bewegung, wie ein Rad, das durch die Sonnenwärme angetrieben wird.

Die Wärme der Luft ändert sich ständig. Natürlich ist es in der Sonne wärmer als im Schatten und im Sommer wärmer als im Winter. Aber auch viele andere Dinge können die Wärme beeinflussen. Zum Beispiel, ob du am Meer bist oder in den Bergen oder ob ein starker Wind geht.

Wie warm es wirklich ist, können wir oft nicht richtig fühlen. Frierst du nicht auch manchmal beim Baden im Sommer oder schwitzt, wenn du im Winter herumrennst? Um die Wärme genau zu messen, benutzt man ein *Thermometer*. Es zeigt die Temperatur an.

Wärme kann vieles verändern. Am Wasser sieht man das besonders deutlich, denn es nimmt verschiedene Formen an. Wenn es gefriert, sagt man bei uns, es hat *null* Grad. Bei Temperaturen *über null* Grad ist das Wasser flüssig. Nun gluckert und plätschert es im Bach, der Seespiegel kräuselt sich im Wind und die Regentropfen versickern im Boden. Bei Temperaturen *unter null* Grad verwandeln sich die Regentropfen in Schneeflocken und an den Fenstern wachsen seltsame Blumen aus Eiskristallen. Das Wasser liegt als Schnee auf dem Land. Seen und Teiche sind zugefroren.

Auf den vorigen Seiten hast du etwas über Sonnenlicht und Sonnenwärme gehört und warum sie bei uns so ungleich über das Jahr verteilt sind. Nun sollst du erfahren, wie wunderbar sich Pflanzen und Tiere auf diesen Wechsel von Hell und Dunkel, von Wärme und Kälte eingestellt haben. Sie tun dies auf ganz verschiedene Weise. Viele Beispiele, die in diesem Buch keinen Platz haben, wirst du selbst entdecken, wenn du dich aufmerksam in der Natur umsiehst.
Nach dem Kalender der Menschen beginnt das Jahr am 1. Januar, also mitten im Winter. Dieses Buch aber erzählt von der Sonne und folgt ihrem Jahreslauf. Darum beginnt es mit der sonnenreichen und warmen Hälfte des Jahres, wenn die Tage länger werden als die Nächte. Es beginnt mit dem Frühling.

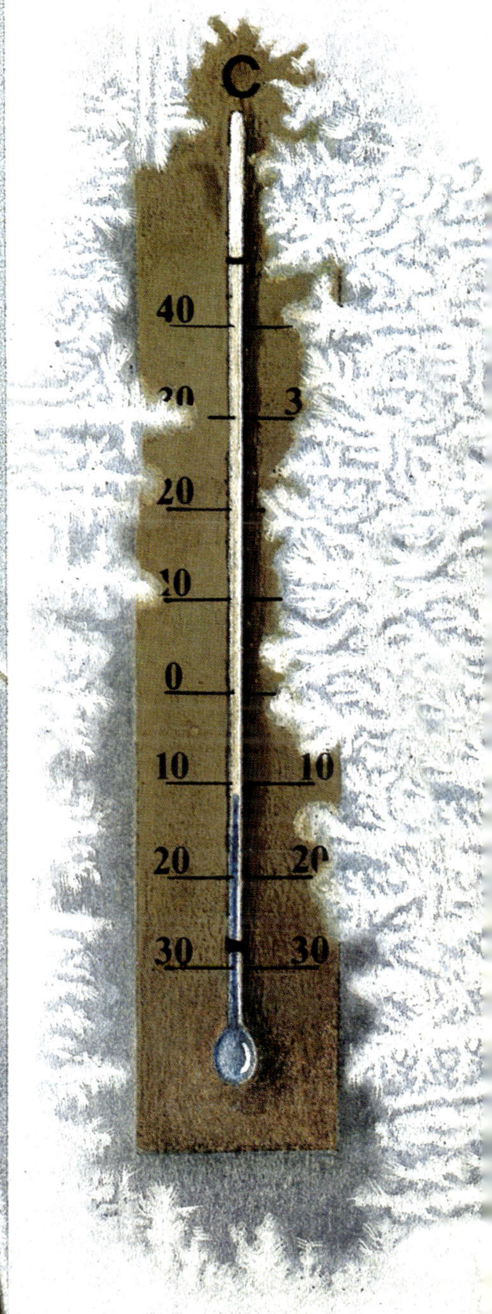

Hier zeigt das Thermometer eine Temperatur von 11 Grad unter null (–11 °C). Es ist ein eiskalter Wintertag. Die Flüssigkeit des Thermometers hat sich zusammengezogen.

Der Frühling

In der warmen Frühlingssonne schmilzt der letzte Schnee. Bald taut auch der gefrorene Boden auf und wird langsam weich. Durch Erde und Laub arbeiten sich die Knospen vieler Frühlingsblumen nach oben zum Licht. Der Huflattich hier auf dem Bild ist einer der Ersten, die ihre Blüten öffnen. Schon sind auch Bienen und Schmetterlinge zur Stelle. Erst später entfaltet der Huflattich die schirmförmigen Blätter und streckt sie der Sonne entgegen.

Alle Pflanzen brauchen die Sonne. In ihrem Licht und ihrer Wärme steckt nämlich auch noch *Sonnenenergie.* Daraus schöpfen die Pflanzen Kraft zum Wachsen und Blühen. Die grünen Blätter fangen die Energie ein und stellen damit ihre Nahrung selbst her. Dazu nehmen sie aus der Luft das Kohlendioxid und aus dem Boden das Wasser, in dem einige Nährsalze gelöst sind. Aus diesen Teilen bauen sie Stärke, Zucker und andere Nährstoffe auf. Und darin steckt nun die Sonnenenergie.

Diesen Vorgang nennt man *Fotosynthese.* Sehr wichtig dabei ist das Blattgrün. Überall auf der Welt, wo Sonne auf grüne Blätter scheint, findet Fotosynthese statt: im Huflattich, auf allen Wiesen und Feldern genauso wie im Urwald.

Einen Teil der Nahrung verbraucht die Pflanze für sich selbst. Man kann auch sagen, sie isst das auf, was sie mit der Sonnenenergie aus Luft und Wasser gekocht hat. Aber in ihrer »Blattküche« bereitet sie so viele Nährstoffe zu, dass sie etwas davon speichern kann. So einen Vorrat bewahrt zum Beispiel der Huflattich den ganzen Winter über in seiner Wurzel auf. Deshalb kann er schon ganz früh im Jahr damit seine Knospen bilden. Manche Pflanzen packen den Vorrat in die Samen. Er kommt den jungen Pflänzchen zugute, wenn sie in der Frühlingssonne des nächsten Jahres keimen.

Löwenzahn

Tag und Nacht im Leben der Pflanzen

Wenn die Nacht vorüber ist, geht die Sonne auf. Und wenn der Tag vorüber ist, geht die Sonne unter. Es folgt die Nacht und wieder der Tag und immer so weiter. Licht und Dunkelheit wechseln sich ab. Pflanzen können das Licht nicht sehen, so wie wir mit unseren Augen. Aber sie spüren genau, wann es morgens hell wird. Dann öffnen sich die Blüten des Löwenzahns und vieler anderer Blumen. Zu dieser Zeit haben sie besonders viel Nektar für die Insekten.

Vor allem aber beginnen die grünen Blätter die Sonnenenergie einzufangen. Lichthungrig drehen und wenden sie sich zur Sonne hin. Wenn es dunkel wird und bei regnerischem Wetter schließen sich die Löwenzahnblüten.
Einige Pflanzen brauchen wenig Sonne und gedeihen auch im Schatten. Ihre großen Blätter helfen ihnen, dort noch genügend Licht aufzunehmen. Aber im dichten, dunklen Wald verhungern auch Schattenpflanzen.

Pflanzen im Schatten
① Maiglöckchen
② Wurmfarn
③ Waldsauerklee

Pflanzen in der Sonne
④ Weiße Taubnessel
⑤ Wiesen-Glockenblume
⑥ Löwenzahn

Nachtkerze

In der Dämmerung öffnet sich die Nachtkerze. Sie gehört zu den Pflanzen, deren Blüten erst jetzt mit Nektar gefüllt sind. Der starke Duft und die hell schimmernden Farben weisen auch in der Dunkelheit ihren Gästen den Weg. Es sind vor allem Nachtfalter.
Am Abend falten der Sauerklee und andere Pflanzen ihre Blätter wie zum Schlaf zusammen. Aber Pflanzen schlafen nicht. Während der Nacht müssen sie die Nährstoffe, die sie tagsüber gebildet haben, in andere Teile der Pflanze transportieren. Sie müssen Platz schaffen, damit die Blätter am nächsten Morgen die Sonne wieder aufnehmen können.
Tag und Nacht, Hell und Dunkel – an diesen Rhythmus haben alle Pflanzen ihr Leben angepasst. Einige von ihnen sind hier auf den Tag- und Nachtbildern zusammengestellt.

Pflanzen, die »schlafen«
⑦ Waldsauerklee
⑧ Löwenzahn
⑨ Wiesen-Glockenblume

Pflanzen, die abends Nektar bilden
⑩ Nachtkerze
⑪ Zaunwinde
⑫ Weiße Nachtnelke
⑬ Waldgeißblatt

Kohlmeise

Der eine schläft, der andere ist wach

Beinahe alle Tiere haben einen festen Stundenplan für Schlafen, Fressen und Nichtstun. Sie beginnen damit zu verschiedenen Tageszeiten. Die einen sind tagsüber wach und schlafen nachts, ähnlich wie du und ich. Andere sind in der Nacht munter und verschlafen dafür den hellen Tag.
Die Kohlmeise begrüßt die Sonne am Morgen mit einem Lied. Zum Frühstück sucht sie sich Raupen und Mücken. Die Sonne hat diese wärmeliebenden Insekten schon aus ihrem Versteck gelockt. Zwischen den Mahlzeiten putzt die Meise ihr Gefieder und passt gut auf, was um sie herum vor sich geht. Denn natürlich sind am Tage auch ihre Feinde unterwegs. Wenn es dunkel wird, zwitschert die Meise ihr Abendlied. Dann steckt sie den Kopf unter den Flügel und schläft.

Tiere, die meist tagsüber unterwegs sind
1. Kohlweißling
2. Wanderfalke
3. Kohlmeise
4. Eichhörnchen
5. Rotkehlchen
6. Eidechse
7. Erdhummel

Waldmaus

Die meisten Tiere kann man in der Abenddämmerung sehen. Nun sind die einen gerade dabei, ihren Schlafplatz aufzusuchen, während die anderen ihn schon verlassen haben. Vorsichtig klettert die Waldmaus aus ihrem Nest. Wie die meisten Nachttiere besitzt sie nicht nur eine feine Nase, sondern auch gute Ohren. So hört sie das leiseste Rascheln und kann sich vor dem Waldkauz und ihren anderen Feinden rechtzeitig verstecken. Wenn der Morgen dämmert, schlüpft die Waldmaus wieder in ihr Nest.

So wie auf diesen Bildern sitzen die Tag- und Nachttiere natürlich nie beisammen. Aber auf einem Spaziergang bei Sonnen- oder Mondschein kannst du dem einen oder anderen begegnen.

Und warum sitzt der Maulwurf zwischen den Tag- und Nachtbildern? Sein Tageslauf wird nicht von der Sonne bestimmt. Er lebt in der Erde. Dort sagt ihm sein Magen, wann es Zeit zum Fressen und Schlafen ist.

Tiere, die meist nachts unterwegs sind

(8) Feldhase
(9) Waldkauz
(10) Fuchs
(11) Wegschnecke
(12) Glühwürmchen
(13) Windenschwärmer
(14) Waldmaus

Maulwurf

Die Vogel-Uhr

Pflanzen und Tiere haben ein gutes Zeitgefühl. Der Rhythmus von Tag und Nacht hat sich ihnen so fest eingeprägt, dass es manchmal scheint, als ob sie eine Uhr in sich hätten. Und diese »innere Uhr« geht ganz genau. Du kannst das an jedem Morgen im Frühling miterleben, wenn du den Vögeln zuhörst. Sie wachen pünktlich zu einer bestimmten Zeit auf und tun dies mit lautem Gesang kund.
Lange vor Sonnenaufgang, oft noch in der Nacht, beginnt die Nachtigall ① zu flöten. Frühaufsteher sind auch Gartenrotschwanz ② und Feldlerche ③. Wenn es dämmert, fangen Amsel ④ und Zaunkönig ⑤ zu singen an. Und kurz vor Sonnenaufgang kräht der Hahn ⑥. Kohlmeise ⑦, Star ⑧ und Buchfink ⑨ sind Langschläfer.
Bei Regen und Kälte fängt das Morgenkonzert der Vögel etwas später an. Das Wetter hat ihre Vogel-Uhr ein wenig verstellt. Die Reihenfolge der Sänger bleibt aber die gleiche.

Die Sonnen-Uhr

Auch die Menschen besitzen eine »innere Uhr«. Sie haben fast verlernt, darauf zu hören. Ein Wecker, eine Armbanduhr oder die Uhr auf dem Kirchturm sagt ihnen die Zeit. Früher beobachteten die Menschen den Stand der Sonne, um zu wissen, wie spät es ist. Dann kamen sie darauf, die Zeit am Schatten abzulesen. Alles, was die Sonne anstrahlt, wirft einen Schatten. Und so, wie die Sonne über den Himmel wandert, so wandert auch der Schatten.
Du kannst es ja einmal ausprobieren. Befestige einen Bleistift mit etwas Knetgummi auf einer Pappe und stelle das Ganze in die Sonne. Nach jeder Stunde kannst du mit einem Strich markieren, wie weit der Schatten des Bleistifts schon gewandert ist. Wenn die Sonne ihren höchsten Punkt im Süden erreicht hat, ist der Schatten am kürzesten und zeigt genau nach Norden.
Ebenso funktionieren richtige Sonnenuhren. Man sieht sie heute noch auf manchen Häusern. Anstelle des Bleistifts ragt ein Stab aus der Wand und sein Schatten gleitet wie ein Zeiger über das Zifferblatt.

Diese Sonnenuhr wurde vor etwa 30 Jahren auf die Südseite eines Hauses gemalt. Es ist jetzt kurz nach 8 Uhr morgens. Die Sonne scheint von schräg oben und wirft den Schatten des Stabes auf die Wand.

Sonnenuhren funktionieren natürlich nur, wenn die Sonne scheint. Mechanische Uhren zeigen auch bei Regen oder in der Nacht genau die Zeit an. Auf dieser ist es 8 Uhr und 7 Minuten und 23½ Sekunden. Die Uhr verrät uns aber nicht, ob es morgens oder abends ist.

Der Sommer

Heiß ist es jetzt, besonders mittags, wenn die Sonne hoch am Himmel steht. An so einem Tag haben alle Durst, auch die Pflanzen. Manchmal finden ihre Wurzeln kein Wasser mehr im ausgetrockneten Boden. Dann lassen sie die Blätter hängen und beginnen zu welken ①.
Pflanzen müssen mit dem auskommen, was es an ihrem Standort gibt. Bei Hitze und Trockenheit ist jeder Wassertropfen für sie kostbar. Aber wenn es einmal nicht regnet, verdursten sie nicht gleich, denn sie können sparsam mit dem Wasser haushalten. Zuerst schließen sie die winzigen Spalten in ihren Blättern, damit nicht so viel Wasser verdunstet. Es ist, als ob sie Fenster und Türen zumachten. Manche können wie der Mauerpfeffer ② in ihren fleischigen Blättern das Wasser speichern. Und die Kompasspflanze ③ stellt bei Hitze ihre Blätter auf und dreht sie so, dass die heiße Mittagssonne sie nicht voll treffen kann.
Die meisten Tiere, wie etwa der Frosch ④, suchen bei Hitze Schutz im Schatten. Seine feuchte Haut würde

sonst schnell austrocknen. Aus demselben Grund verschließen die Schnecken ⑥ ihr Haus mit einer feinen Schicht. Sogar ein Schmetterling wie der Kaisermantel ⑤, der sonst die Sonne mit aufgeklappten Flügeln einfängt, hat diese nun nach oben gestellt. Unermüdlich sind die Bienen ⑦ unterwegs. Sie tragen aus einer Pfütze kleine Wassertropfen heim und kühlen den Bienenstock, damit das Wachs nicht schmilzt.

So drückend heiß ist es oft, dass wir schwitzen. Richtig feucht ist dann die Haut. Aber der Schweiß kühlt. Der Schäferhund ⑧ kann nicht schwitzen, obwohl es ihm in seinem dicken Fell furchtbar warm ist. Er hechelt, um sich Kühlung zu verschaffen. Die Hasen und Kaninchen ⑨ können durch die zarte Haut ihrer großen Ohren die überschüssige Wärme abgeben.

Viele Beispiele hast du auf dieser Seite gesehen. Aber es gibt noch tausend andere Möglichkeiten, wie Pflanzen und Tiere mit der Hitze und Trockenheit des Sommers fertig werden.

Vom Überfluss des Sommers

Viele Stunden schien die Sonne im Frühling und Sommer auf das Land. Die Pflanzen nutzten Licht und Wärme und wuchsen und wuchsen. Überall entstanden neue Blätter, Triebe und Blüten. Die Sommerblumen auf den Wiesen sind nun voller Samen wie hier die Pusteblume des Löwenzahns ①. Die kleinen Schirmchen werden vom Wind fortgetragen und aus jedem Samen kann eine neue Löwenzahnpflanze entstehen. Blumen und Gräser, Sträucher und Bäume, sie alle bilden jedes Jahr Millionen neuer Samen.
Auch die Tiere können sich ungeheuer vermehren. Aus den Eiern eines einzigen Kohlweißlings ② schlüpfen 600 kleine Raupen. Nun nagen sie an den Blättern des Kohls und verwandeln sich schließlich in 600 flatternde Schmetterlinge. Reichlich Nachkommen gibt es auch bei den Wildkaninchen ③. Schon zeitig im Frühling werden die ersten sechs Jungen geboren. Bis zum Herbst bekommt die Kaninchenmutter noch vier- oder fünfmal Kinder, sodass in einem Jahr

rund 30 kleine Kaninchen herumtollen. Und am Waldrand sitzt die Fuchsfamilie (4) mit ihren fünf jungen Füchsen.
Aber hast du schon einmal Wolken aus Kohlweißlingen und Pflanzensamen gesehen oder so viele Füchse und Kaninchen zusammen wie auf diesem Bild? Natürlich nicht. Aber wie alles in der Natur, so hat es einen guten Grund, warum zunächst so ein Überfluss entstehen muss.
Pflanzen und Tiere haben möglichst viele Nachkommen, damit diese groß werden und sich dann wieder weiter vermehren. Aber nicht alle erreichen dieses Ziel. Die Samen des Löwenzahns zum Beispiel können sich den Platz, zu dem der Wind sie trägt, nicht aussuchen. Viele landen auf steinigem Boden und gehen zugrunde. Aber je mehr unterwegs sind, desto eher fällt vielleicht einer von ihnen auf fruchtbare Erde und kann dort keimen und wachsen.
Auch für Tiere drohen vielerlei Gefahren wie Kälte und Nässe, Hunger und Krankheit. Es gibt für sie aber noch eine andere Gefahr und von der hörst du auf der nächsten Seite.

Die Pflanzenfresser
1. Schmetterling und Raupe
2. Kartoffelkäfer
3. Feldhase
4. Regenwurm
5. Feldmaus

Die Räuber
6. Spitzmaus
7. Kohlmeisen
8. Habicht
9. Fuchs

Wie der Fuchs die Sonne auffrisst

Siehst du den Feldhasen auf dem Bild? Er mümmelt gerade ein Kleeblatt, aber auch Löwenzahn und Gras machen diesen *Pflanzenfresser* satt. Aus jeder Pflanze holt er sich die gespeicherte Sonnenenergie und diese gibt ihm Kraft zu atmen, sich warm zu halten und über den Acker zu flitzen. Meist futtert er mehr, als er zum Leben braucht. Davon bekommt er starke Muskeln und für den Winter eine Speckschicht. Der Hase verbraucht also einen Teil der aufgenommenen Energie und speichert den Rest in seinem Körper.
Der Fuchs ist ein *Räuber.* Manchmal erwischt er einen Hasen und bringt ihn zu seinen Jungen in den Bau, damit alle satt werden. Der Fuchs holt sich die Sonnenenergie, die der Hase gespeichert hatte. Der bekam sie von den Pflanzen und die Pflanzen bekamen sie von der Sonne. So wird Energie von einem zum anderen weitergegeben und jeder verbraucht etwas davon.

Den Weg der Sonnenenergie kannst du hier auf dem Bild verfolgen. Dein Finger wandert von der Sonne zuerst zu den Pflanzen, dann weiter zu den Pflanzenfressern und schließlich führen die Linien zu den Räubern. So eine Linie nennt man *Nahrungskette.* Und weil die Tiere verschiedene Dinge fressen und auch verschiedene Feinde haben, verknüpfen sich die Ketten wie zu einem Netz. Auf dem Bild sind nur ein paar Möglichkeiten dargestellt, wie ein *Nahrungsnetz* aussehen kann.
Viele Tiere sind sowohl Pflanzenfresser als auch Räuber. Die Kohlmeise etwa füttert ihre Jungen mit kleinen Insekten. Im Winter am Futterhäuschen holt sie sich aber gerne auch Sonnenblumenkerne und andere Samen. Die Menschen ernähren sich ebenfalls von gemischter Kost wie Obst, Gemüse, Eier und Fleisch.
Pflanzen werden gefressen, Tiere werden gefressen. Wie gut, dass sie sich im Sommer so stark vermehrt haben! So bleiben meist genügend am Leben. Alle sind wie Glieder in einer Kette und geben ihre Energie an den Nächsten weiter. Und diese Energie kommt von der Sonne.

1
2
3
4
5

Der Herbst

Wieder sind jetzt Tag und Nacht gleich lang. Aber nun beginnt die sonnenarme und kalte Hälfte des Jahres. Die Nächte werden länger als die Tage.
Die Felder sind leer. Was die Sonne im Sommer wachsen ließ, ist geerntet. Die grünen Blätter vieler Pflanzen verfärben sich und sterben ab.
Aber bevor sich Pflanzen und Tiere auf den Winter einstellen, beginnt für sie die Zeit der Wanderungen. Von den Pflanzen sind nun die Samen und Früchte unterwegs. Viele von ihnen sind mit kleinen Flügeln und Fallschirmen ausgerüstet. Damit lassen sie sich, wie hier der Distelsamen ①, vom Wind möglichst weit von der Mutterpflanze wegtragen. Denn überall im Land sollen kräftige neue Pflanzen entstehen. Und wenn alle Samen an einer Stelle zu Boden fielen, würden sie sich gegenseitig Platz und Sonne wegnehmen.
Die meisten Tierkinder sind nun erwachsen geworden. Sie verlassen die Eltern und suchen sich eine neue Behausung. An zarten, glitzernden Fäden schweben die winzigen Spinnen ② durch die Luft. Manchmal reißt sie der Herbststurm viele Kilometer weit mit sich fort. Manchmal landen sie aber schon am nächsten Zweig.
Auch die Zugvögel sind jetzt unterwegs. Obwohl die Tage bei uns noch warm sind, sagt ihnen ihre »innere Uhr«: Es ist Zeit zum Aufbruch! Sie wandern der Sonne nach in den Süden, wo um diese Jahreszeit die Tage länger und wärmer sind. Früh machen sich die Schwalben ③ auf den Weg. als ob sie wüssten, dass es hier für sie bald keine Insekten mehr gibt. Der Stieglitz ④, auch Distelfink genannt, bleibt so lange im Lande, bis der Schnee seine Lieblingsspeise, die Distelsamen, zudeckt.
Hast du gewusst, dass im Herbst auch einige Schmetterlinge, wie Admiral ⑤ und Distelfalter ⑥, mit den Zugvögeln auf die Reise gehen? Ihre zerbrechlichen Flügel tragen sie durch Gebirgstäler, über Alpenpässe und über das Meer bis an die Küste Afrikas. In der Frühlingssonne kehren ihre Kinder zusammen mit den Zugvögeln zu uns zurück.

Wenn die Sonne vom Mond herunter scheint

Der Mond begleitet die Erde seit Millionen Jahren auf ihrem Weg um die Sonne. Viele Menschen freuen sich, wenn sein silbriges Licht in regelmäßigen Abständen die Nächte erhellt. Bestimmt ist das Mondlicht für das Leben auf der Erde nicht so wichtig wie das Sonnenlicht. Aber für manche Tiere, besonders für die Zugvögel, ist es ein sicherer Wegweiser auf ihren nächtlichen Wanderungen.
Der Mond kann selbst nicht leuchten. Er ist eine kalte, leblose Kugel. Mit einem starken Fernglas kannst du dort Berge, Täler und Steinwüsten entdecken. Er wird von der Sonne angestrahlt und wirft ihr Licht wie ein riesiger Spiegel als Mondlicht auf die Erde.

Sonne, Mond und Erde sind in ständiger Bewegung. Und je nachdem, wie sie im Weltraum gerade zueinander stehen, sehen wir von der Erde aus den Mond in ganz verschiedenen Formen. Der Mond hat eine leuchtende, helle Seite und eine Schattenseite, wie alles, was die Sonne anstrahlt.
Bei *Neumond* können wir den Mond am Himmel gar nicht sehen, weil wir auf seine Schattenseite schauen. Aber von nun an zeigt er uns Nacht für Nacht mehr von seiner leuchtenden Seite. Die schmale Mondsichel wächst zum *Halbmond* und weiter zum *Vollmond*. Doch schon wird der Mond wieder zum Halbmond und nimmt weiter ab, bis er als Neumond für unsere Augen verschwindet.
Von Neumond zu Neumond dauert es etwas weniger als einen ganzen Monat.

Der Mond wird ebenso wie die Erde von der Sonne angestrahlt. Dieses Licht spiegelt er zur Erde. Es braucht nur 1 ¼ Sekunden, bis es als Mondlicht bei uns ankommt.

Wie groß der Teil des Mondes ist, den wir nachts am Himmel sehen, hängt davon ab, wie Sonne, Mond und Erde zueinander stehen. Deshalb nimmt der Mond in 29 ½ Tagen ganz verschiedene Formen an.

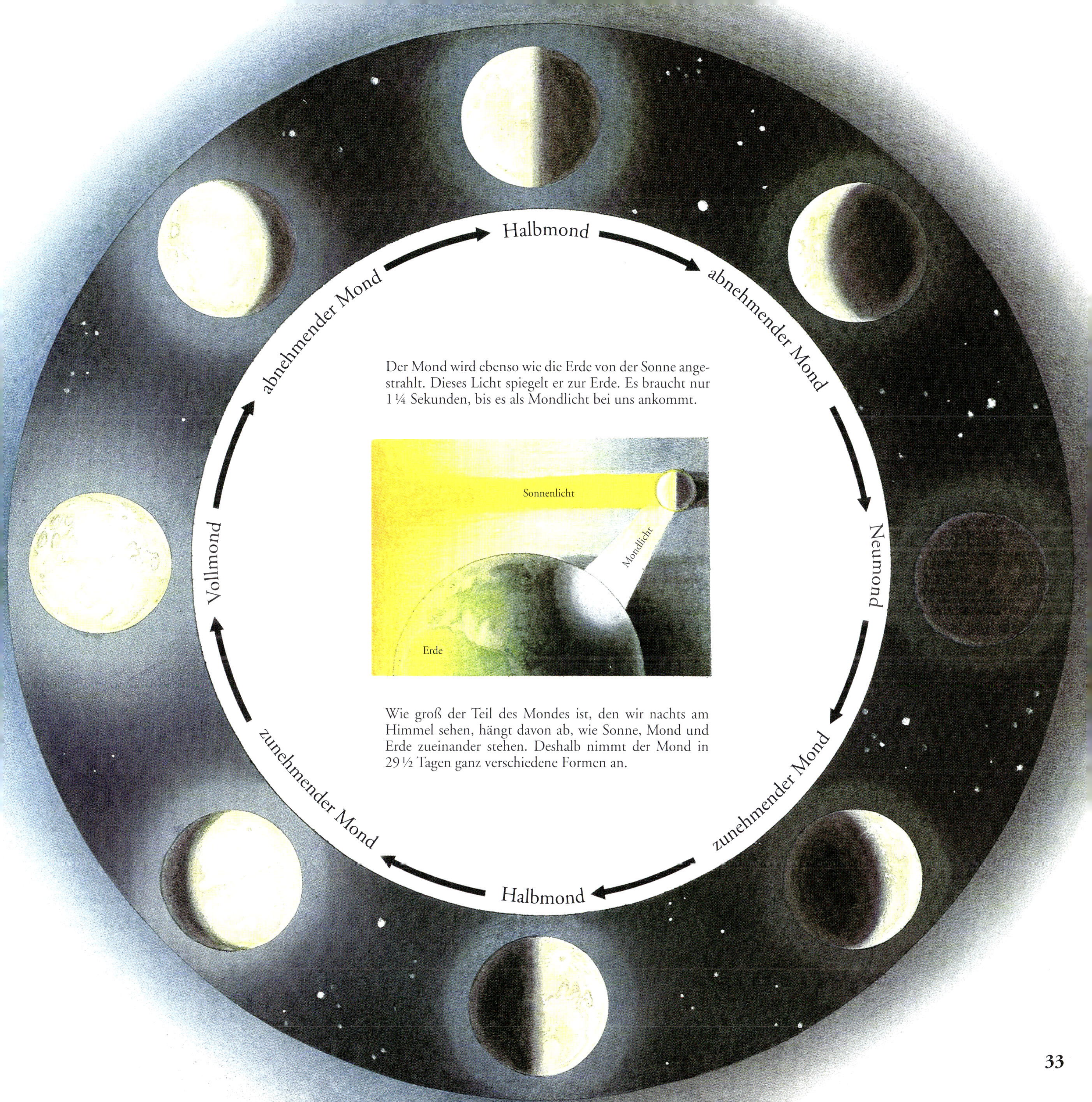

vor etwa 300 000 000 Jahren

Jetzt steckt die Sonne im Ofen

Bei uns wird es jetzt immer kälter. Die schrägen Strahlen der Sonne haben nicht mehr genug Kraft, die Erde zu erwärmen. Die Menschen müssen heizen, damit sie nicht frieren. Sicher hast du schon einmal gesehen, wie in einem Ofen Holz verbrennt. Wer denkt dabei, dass die Hitze des Feuers von der Sonne stammt?
Als das Holzscheit noch ein Baum war, haben seine Blätter die Sonnenenergie eingefangen. Der Baum hat sie gespei-

chert. Beim Verbrennen des Holzes wird diese Energie wieder frei und wärmt uns.
Auch Kohle, Erdöl und Erdgas benutzen wir als Brennstoffe. Man braucht sie nicht nur zum Heizen, sondern auch, um Elektrizität, Benzin und vieles mehr herzustellen. Alle Brennstoffe, die oft tief aus dem Boden geholt werden, haben Energie in sich. Am Beispiel der Kohle kann man sich am besten vorstellen, woher diese Energie kommt.
Vor vielen Millionen Jahren waren große Teile der Erde mit Urwäldern bedeckt. Die Sonne brannte heiß, der Boden war feucht und sumpfig. Damals schwirrten riesige Libellen über das Wasser und Saurier patschten durch den Sumpf. Später versanken die Bäume kreuz und quer im Schlamm. Oft stürzten Geröll und ganze Berge darüber. Wieder wuchsen Wälder empor. Nun gab es andere Tiere und Pflanzen. Tief in der Erde, begraben unter vielen Gesteinsschichten, gedrückt, geschoben, gepresst und gefaltet, wurde im Laufe einer langen Zeit aus den Pflanzen Kohle. Und darin, gefangen seit Millionen Jahren, steckt immer noch die Kraft der Sonne von damals. Wenn wir heute Kohle verbrennen, lassen wir diese Energie wieder frei.
Weil wir viel Energie verbrauchen, werden die Vorräte der Erde an Holz, Kohle und Erdöl immer kleiner. Deshalb versuchen die Menschen heutzutage, die Sonnenenergie direkt aus den Sonnenstrahlen zu holen, ähnlich wie es die Pflanzen machen. Vielleicht können wir unsere Häuser bald mit Sonnenenergie heizen. Und Sonnenenergie wird noch viele Millionen Jahre lang von der Sonne zur Erde kommen.

Der Winter

Nun ist es Winter. Alle, die jetzt unterwegs sind, müssen sich gut gegen die Kälte schützen. Du hast es leicht, ziehst einfach Mantel, Mütze und Handschuhe an. Aber die Tiere? Viele müssen, wie wir auch, ständig eine bestimmte Wärme in ihrem Körper halten. Die Blaumeise und andere Vögel plustern darum ihr Gefieder auf. Die Luftschicht zwischen den Federn isoliert sie gegen die Kälte. Und während du unter einem Federbett schläfst, überleben sie als kleine Federbällchen die eisigen Nächte.
Der Feldhase hat schon im Herbst damit begonnen, sein Fell in einen dicken Winterpelz zu verwandeln. Auch eine Speckschicht hilft den Tieren, sich warm zu halten.

Aber irgendwann dringt die Kälte sogar durch Pelz und Federn. Viele Tiere frieren im Winter. Und so wie der Brennstoff im Ofen das Zimmer heizt, so brauchen die Tiere nun Nahrung, um in ihrem Körper Wärme zu erzeugen. Je kälter es ist, umso mehr müssen sie fressen. Ein kleiner Vogel wie die Meise kann im Winter nicht viel länger als 24 Stunden ohne Futter auskommen.

Oft bedeckt Schnee das Land und viele Tiere haben Mühe, genug Nahrung zu finden, Aber in jedem Samen, in jedem Grashalm, sogar in der Rinde, die der Hase vom Zweig knabbert, steckt ein klein wenig Energie von der Sonne. Sie hilft nun den Tieren, Hunger und Kälte zu überstehen.

Der Winter ist eine dunkle und kalte Zeit. Auch wenn unsere Zimmer hell und warm sind, so fehlt uns doch die Sonne und nichts kann sie ersetzen. Ohne die Sonne werden wir bald unlustig und müde, ja oft sogar krank.

Aber zum Glück wandert die Erde auf ihrem Weg um die Sonne immer weiter, und so folgt auf den kalten Winter ganz sicher wieder der Frühling mit Tagen voller Sonnenlicht und Sonnenwärme.

Was alles in diesem Buch steht

Die Sonne und die Erde	Seite 9
Die Sonne und die Jahreszeiten	10
Der Sonnenbogen	11
Über die Sonnenstrahlen	12
Der Regenbogen und die Farben	13
Vom Wasser und von den Temperaturen	14
Der Frühling	16
Tag und Nacht im Leben der Pflanzen	18
Der eine schläft, der andere ist wach	20
Die Vogel-Uhr · Die Sonnen-Uhr	22
Der Sommer	24
Vom Überfluss des Sommers	26
Wie der Fuchs die Sonne auffrisst	28
Der Herbst	30
Wenn die Sonne vom Mond herunter scheint	32
Jetzt steckt die Sonne im Ofen	34
Der Winter	36
Und noch etwas über Sonne, Mond und Erde	39

Hier sind Sonne und Erde im richtigen Größenverhältnis dargestellt. Nun sieht man, wie gewaltig die Sonne ist und wie winzig die Erde. Damit du sie dir auch in der richtigen Entfernung voneinander vorstellen kannst, müsste man die Erde dorthin zeichnen, wo du nach ungefähr 60 Riesenschritten stehst.

Und noch etwas über Sonne, Mond und Erde

Die Sonnenfinsternis
Besonders aufregend ist es, wenn sich die Sonne verfinstert. Sie hört aber nicht auf zu scheinen. Es ist der Mond, der sie für wenige Stunden verdeckt, denn er hat sich genau zwischen Sonne und Erde geschoben. Eine Sonnenfinsternis ist nur von dem Fleckchen Erde aus wahrzunehmen, auf den der Mondschatten trifft.

Die Mondfinsternis
Auch die Erde wirft einen Schatten in den Weltraum, genau wie alles, was die Sonne anstrahlt. Manchmal wandert der Mond auf seinem Weg um die Erde mitten durch diesen Schatten. Dann verdunkelt sich der Vollmond für kurze Zeit, weil er kein Licht mehr von der Sonne bekommt.

Die Schmetterlings-Uhr

Mit Tag- und Nachtfaltern durch das Jahr

Von Schmetterlingen und anderen Insekten

Im Reich der Insekten trifft man ganz merkwürdige Gestalten. Je genauer man sie unter die Lupe nimmt, desto fantastischer sind sie. Da gibt es Käfer, die schimmern wie Gold oder glänzen wie frisch lackiert. Da gibt es hauchzarte *Netzflügler* ① und mächtige *Libellen* ② mit blaugrünen Riesenaugen. Manche tragen auf ihrem Körper ein dichtes Pelzchen wie die *Hummeln* ③. Andere besitzen nur ein paar spärliche Borsten wie die *Fliegen* ④. Und viele sind für die Menschen auch recht lästig und krabbeln, kitzeln und stechen. So verschieden die Insekten auch sind – sie alle zeigen einen ähnlichen Körperbau. Wie Ritter in ihrer Rüstung, so stecken Insekten in einem *Chitinpanzer*. Er ist ein guter Schutz und eine Stütze für den ganzen Körper. Damit die Insekten sich trotzdem bewegen können, ist ihr Panzer zwischen *Kopf, Brust* und *Hinterleib* tief eingekerbt. Sie heißen daher auch *Kerbtiere*.
So flink und eilig sind diese gepanzerten Tiere manchmal unterwegs, dass wir ihre *Beine* kaum zählen können. Es sind sechs, drei auf jeder Seite der Brust. Auch sie sind gegliedert und gut beweglich. So kann die *Heuschrecke* ⑤ ihre weiten Sprünge machen und der *Mistkäfer* ⑥, der hier auf dem Rücken zappelt, kommt wieder auf die Füße.

Insekten sind oft meisterhafte Flieger. Brummend oder schwirrend, träge oder blitzschnell sind sie unterwegs, je nach der Art ihrer *Flügel.* Meist sind es zwei Paar, die am Brustabschnitt sitzen.
Zu dieser vielfältigen Gesellschaft gehören auch die *Schmetterlinge.* Sie zeigen allerdings einige Besonderheiten, die sie von allen anderen Insekten unterscheiden. Ihr Körper und vor allem die vier großen Flügel sind über und über mit *Schuppen* bedeckt. Das sind winzige Plättchen aus Chitin. Ältere Schmetterlinge haben manchmal schon einen Teil davon verloren. Die Schuppen lassen sich nämlich wie Puder leicht abstreifen. Jedes einzelne Plättchen hat eine andere Farbe. Manche sind bunt, manche schillern und schimmern nach Art der Seifenblasen. Wie ein Mosaik setzen sich die Muster auf den Flügeln aus bunten Schuppen zusammen. Jede Schmetterlingsart zeigt ihr eigenes, typisches Farbmuster, so auch das *Tagpfauenauge* (14) auf dem Bild.
Auf der ganzen Erde gibt es etwa hunderttausend verschiedene Arten. Die prächtigsten und größten leben in tropischen Ländern. Aber auch die heimischen Schmetterlinge bezaubern uns immer wieder durch ihre Anmut, Farbenpracht und Schönheit. Von ihnen wird in diesem Buch erzählt.

(1) Goldauge
(2) Plattbauch
(3) Gartenhummel
(4) Kaisergoldfliege
(5) Feldheuschrecke
(6) Mistkäfer
(7) Rosenkäfer
(8) Streifenwanze
(9) Hornisse
(10) Schwebfliege
(11) Fleischfliege
(12) Marienkäfer
(13) Wespe
(14) Tagpfauenauge

(14)

Die große Verwandlung

Schmetterlinge, auch Falter genannt, sind richtige Verwandlungskünstler. Im Laufe ihres Lebens verändern sie immer wieder ihr Aussehen und erscheinen in vier ganz verschiedenen Gestalten. Wir wollen dem *Schwalbenschwanz* ① dabei zusehen.

Das Leben dieses Falters beginnt auf einer Wiesenpflanze, der Wilden Möhre. Das Falterweibchen hat ein *Ei* ② an die Blätter geheftet. Aus dem Ei schlüpft aber nicht etwa ein kleiner Schmetterling, sondern eine *Raupe* ③. Sogleich fängt sie an, unermüdlich zu fressen, und wächst und wächst. Ihre feste Haut kann dabei aber nicht mitwachsen. Deshalb wird sie von Zeit zu Zeit wie ein altes Kleid abgestreift. Darunter liegt schon die neue Haut. Bei jeder *Häutung* streckt sich die Raupe und wird ein gutes Stück größer.

Nach einiger Zeit hat die Raupe genügend Nährstoffe in ihrem Körper gespeichert. Ihre Aufgabe als »Fresssack« ist beendet. Nun bereitet sie ihre Verwandlung vor. Rastlos wandert sie umher, bis sie sich endlich mit dem Hinterende an einem Stängel festheftet. Dann fertigt sie mit ihren Spinndrüsen ein feines Seil und schlingt es sich zur Sicherung um den Körper ④. Noch einmal platzt die Raupenhaut und eine neue Gestalt, die *Puppe* ⑤, kommt zum Vorschein.

Im Innern der Puppe wird der Raupenkörper zu einem neuen Wesen umgeformt. Aber noch sehen wir nichts davon. Erst gegen Ende der *Puppenruhe* beginnen Farben und Muster verheißungsvoll durch die dünne Hülle zu schimmern.
Plötzlich platzt die Puppe auf ⑥ und ein Schmetterlingskopf mit langen Fühlern erscheint. Nach und nach schlüpft nun der ganze Falter aus seinem engen Haus. Jetzt können wir den Schwalbenschwanz schon erkennen, auch wenn seine Flügel noch völlig zerknittert sind ⑦.
Bevor die weiche Haut an der Luft härtet, pumpt der Falter nun Blut in die Flügeladern ⑧. Und wahrhaftig, die kleinen Stummel strecken sich langsam zu makellosen Flügeln! Es sieht beinahe aus, als würde sich eine Knospe zu einer Blüte öffnen. Jetzt erst hat der *Schmetterling* seine endgültige Gestalt erreicht ⑨. Eine Weile sitzt er still, dann startet er zu seinem ersten Flug. Bald wird er für neue Nachkommen sorgen. Und eines Tages geht sein Leben zu Ende.
Ei, Raupe, Puppe, Falter – wie verschieden sie aussehen! Und doch sind sie ein und dasselbe Tier. Alle Schmetterlinge durchlaufen diese *vollkommene Verwandlung* oder *Metamorphose.* Auch bei Käfern, Bienen, Wespen und einigen anderen Insekten geht sie in ähnlicher Weise vor sich.

Der Schmetterling und seine Umwelt

Manchmal gelingt es uns, einen Falter bei einem Blumenbesuch ganz aus der Nähe zu beobachten. Auf dem Bild oben ist es ein *Tagpfauenauge*, auch Pfauenauge genannt. Während es still sitzt, können wir seinen Kopf mit den *Sinnesorganen* gut sehen. Die großen, starren *Insektenaugen* ① fallen zuerst auf. Oben auf dem Kopf schwingen zwei lange *Fühler* ② hin und her. Unten am Kinn trägt der Falter noch zwei kurze behaarte Fühler ③. Der *Rüssel* ④ pumpt gerade den Nektar aus der Blüte. Gut gestärkt flattert das Pfauenauge dann wieder über die Wiese davon.

Sinnesorgane arbeiten etwa wie eine Fernsehantenne auf unserem Hausdach. Mit ihrer Hilfe können wir Nachrichten empfangen. So erfahren wir drinnen, was draußen alles passiert. Auf ähnliche Weise empfängt auch das Pfauenauge durch seine Sinnesorgane Nachrichten aus seiner Umwelt. Was für Nachrichten das sind, soll das Bild auf der rechten Seite deutlich machen.

Mithilfe der *Augen* sieht der Falter schon von Weitem die leuchtenden Farben der Blumen, die ihm Nahrung bieten ⑤. Er kann sich in seinem Lebensraum zurechtfinden und trifft Artgenossen und andere Falter ⑥. Seine Augen nehmen aber auch jede rasche Bewegung wahr. Nicht einmal der Schatten eines vorbeifliegenden Vogels entgeht ihnen. So gelingt es ihm, vor seinen Feinden ⑦ oft rechtzeitig zu fliehen.

Mithilfe seiner *Fühler* riecht der Falter Blumenduft und süßen Nektar. Diese Antennen sind viel empfindlicher als unsere Nase. Sie nehmen in der Luft noch Duftstoffe wahr, die uns verborgen bleiben.

Mit dem *Rüssel* testet der Schmetterling den Geschmack der Nahrung. Erstaunlicherweise tragen manche Falter ihren Geschmackssinn auch auf den Fußspitzen! Sie melden bei jedem Schritt, auf welche Pflanze oder Blüte sie getreten sind. Das ist etwa so, als würden wir mit der Zungenspitze immerzu prüfen, wie der Boden schmeckt! Rüssel und Fühler tragen außerdem noch feine Tasthaare. Sie dienen vor allem dazu, in einer Blüte den Weg zum Nektar zu finden.

Und dann erreichen den Falter auch noch zahlreiche Botschaften über Wetter und Wind, über Wärme und Kälte. Er spürt sie mit seinem ganzen Körper. So kann er sich gut auf den Wechsel von Tag und Nacht einstellen und auf das Kommen und Gehen der Jahreszeiten.

Alle Sinnesorgane arbeiten gleichzeitig. Sie berichten dem Pfauenauge, was für sein Leben wichtig ist. So kann es in seiner Umwelt gut zurechtkommen.

7
6
5

Der Frühling

Welch eine Überraschung, wenn wir nach dem langen Winter den ersten Schmetterling entdecken! Häufig ist es ein *Zitronenfalter*, der gerade eine Schlüsselblume leer trinkt (1). Auch der *Kleine Fuchs* (2) und das *Pfauenauge* (3) sind schon unterwegs. Vielleicht begegnen wir auch im lichten Laubwald dem seltenen *Trauermantel* (4). Nach der kalten Zeit tankt er mit ausgebreiteten Flügeln begierig die Sonnenwärme auf.
Diese Frühlingsboten sind als Erste im Jahr zur Stelle, da sie Eis und Schnee als erwachsene Falter überstanden haben. Viele Schmetterlingsarten überwintern jedoch als Puppe. Jetzt im Frühjahr müssen sie erst ihre Verwandlung beenden und erscheinen deshalb etwas später. Zu diesen Faltern gehören zum Beispiel der *Kleine Kohlweißling* (5) und der *Aurorafalter* (6).

Manchmal kann uns die Flugweise eines Schmetterlings verraten, was er gerade vorhat. Wenn etwa das blassgelbe Weibchen des *Zitronenfalters* (7) dicht über dem Waldboden hin und her gaukelt, ist es sicher auf einem *Nahrungsflug*. Wenn aber das leuchtend gelbe Männchen (8) zielstrebig und unbeirrt am Waldrand entlangstreift, ist es auf der Suche nach einem Weibchen.
Haben sich die Partner gefunden, dann beginnt ein wunderbares Paarungsspiel, die *Balz*. Zusammen tanzen die Zitronenfalter in einem *Balzflug* bis zu 200 Meter hoch über die Baumwipfel empor, umkreisen sich und sinken wieder zu Boden. Viele Schmetterlinge berühren sich bei der Balz mit den Fühlern und fächeln sich Duftstoffe zu. Zum Schluss zeigen sie mit schwirrenden Flügeln, dass sie bereit sind, sich zu paaren.

Schmetterlinge sorgen für Nachkommen

Reglos sitzen Männchen und Weibchen des *Zitronenfalters* ① bei der Paarung zusammen. Sie haben ihre Körperenden verbunden. Nun kann der Samen des Männchens zu den Eiern im Weibchen gelangen und sie befruchten. Danach trennt sich das Pärchen wieder. Das ist beim *Pfauenauge* ② genauso, wie auch beim *Wolfsmilchschwärmer* ③ und bei anderen Schmetterlingen.

Bald beginnen die Falterweibchen mit der Eiablage. Dazu wählen sie meist eine ganz bestimmte Pflanze. Auf unerklärliche Weise »wissen« diese Mütter, was den Raupen später einmal schmecken wird. Das Pfauenauge sucht die *Brennnessel* aus. Hier klebt es 200 bis 300 Eier ④ auf die Unterseite eines Blattes. Sie gleichen winzigen hellgrünen Stachelbeeren und sind ordentlich auf einen Haufen geschichtet ⑤. An den Eiern erkennt man schon, welcher Falter sich daraus entwickeln wird. Jede Art hat nämlich ein anderes, typisches *Gelege*.

Manche Mütter stapeln die Eier zu Türmchen auf oder ringeln sie um Zweige. Andere verbergen sie unter Rinde oder werfen sie einfach im Flug über der Wiese ab. Von den vielen Hundert Eiern eines Geleges wird der größte Teil von Vögeln und anderen Feinden verspeist. Meist aber bleiben genug übrig, sodass die Schmetterlingsart überleben kann.

Die schimmernde Eikugel des *Wolfsmilchschwärmers* ⑥ ist nicht größer als ein Stecknadelkopf. Im Innern beginnt es sich schon zu regen. Ein Raupenköpfchen zeichnet sich ab. Bald werden seine winzigen Kiefer die Eischale aufreißen. Das ist der erste Schritt auf dem langen Weg zum fertigen Falter.

Das Leben der Raupen

Die Eier des *Großen Kohlweißlings* stehen wie bauchige Flaschen dicht beisammen. Da wird ein Deckel hochgestemmt und ein Räupchen schlüpft heraus. Als Erstes verspeist es die nahrhafte *Eischale* ①. Sein Appetit scheint unersättlich. Nur während der vier *Häutungen* unterbricht es für kurze Zeit sein beständiges Fressen.
Für diese Lebensweise sind Raupen gut gerüstet. Ihr *Kopf* trägt fein gezähnte Chitinplatten und *Kiefer* zum Zerschneiden der Blätter. Vorne am lang gestreckten Körper sitzen drei Paar *Brustbeine*. Sie halten das Raupenfutter fest. Dann folgen vier Paar *Bauchbeine*. Mit diesen Stummelchen kann sich die Raupe festklammern, wenn sie auf den Pflanzen herumturnt. Das Hinterende trägt das letzte Beinpaar. Solch ein *Nachschieber* ist gerade noch am rechten Bildrand zu sehen ②. Er gehört der Raupe des *Wolfsmilchschwärmers*. Mit ihren 16 Raupenbeinen ist sie eilig unterwegs auf der Suche nach neuem Futter. Die unverdaulichen Reste hinterlässt sie als kleine, dunkle Kotballen ③.
Raupen sind für viele Tiere ein fetter Happen. Jetzt im Frühling landen unzählige in den Schnäbeln hungriger Vogelkinder. Einer der größten Raupenfeinde sind die *Schlupfwespen* ④. Sie vermehren sich in der Raupe und fressen sie dabei von innen her leer. Außen an der toten Raupe haften dann kleine, helle Tönnchen. Aus ihnen schlüpfen wieder winzige Wespen und suchen sich neue Opfer. Meist sind es Kohlweißlingsraupen ⑤.

Auf vielerlei Weise versuchen die Raupen dem Gefressenwerden zu entgehen. Oft nutzen sie dabei ihren seidigen Spinnfaden. Er wird in den *Spinndrüsen* gebildet und kommt unter dem Kinn heraus.
Manche Raupen lassen sich bei Gefahr einfach fallen. Ein Glück, dass sie sich mit einem Sicherheitsfaden am Blatt verankert hatten! So können sie nach dem Sturz rasch wieder hochklettern. Auf einem feinen Gespinst bleiben die jungen Raupen des *Pfauenauges* ⑥ noch eine Weile beisammen und suchen Schutz in einem dichten Knäuel. *Sackträgerraupen* ⑦ verstecken sich in einem Häuschen aus versponnenen Grashalmen und Stöckchen.
Andere Raupen machen sich möglichst unsichtbar. So ist die *Spannerraupe* ⑧ kaum von einem Zweiglein zu unterscheiden. Dagegen zeigen die Raupen der *Wolfsmilchschwärmer* ⑨, *Kiefernschwärmer* ⑩ und *Weinschwärmer* ⑪ auffällige Warnfarben und Augenflecken, um ihre Feinde zu erschrecken. Die Raupe des *Bürstenbinders* ⑫ ist nur etwa 2 cm lang. Auf dem Rücken trägt sie vier helle Haarbüschel. Dazwischen sprießen schwarze Pinsel aus roten Warzen. Verborgen und unangreifbar unter einem Schleier aus feinen Brennhaaren, knabbert sie am Distelblatt. Man muss nur genau hinsehen, dann sind Raupen keine »ekligen Würmer«, sondern wunderschöne, vielfältige Geschöpfe! Noch deutet nichts auf ihre künftige Gestalt. Und doch, aus jeder wird nach der Verpuppung ein Schmetterling schlüpfen.

Raupen sind Feinschmecker

Hier auf dem Bild sind 16 verschiedene Speisekarten zu sehen. Raupen sind nämlich Feinschmecker. Fast jede wählt eine andere Pflanze aus. Die Raupen des *Großen Kohlweißlings* lassen sich neben Ackersenf auch verwandte Pflanzen wie Raps oder verschiedene Kohlarten schmecken. Manchmal nagen sie sogar an der Kapuzinerkresse in unseren Gärten. Die meisten Raupen sind jedoch viel wählerischer. Zum Beispiel knabbern die Raupen des *Kaisermantels* nur an Veilchenblättern. Wenn sie keine Veilchen entdecken, verhungern sie. Das Leben solch eines *Nahrungsspezialisten* hängt also ganz davon ab, ob er eine bestimmte Pflanze findet oder nicht.

Schmetterlinge brauchen Wildkräuter

Eigentlich sollten die vielen Brennhaare die Brennnessel vor Tierfraß schützen. Raupen aber lieben diese Pflanze. Kaum eine andere ernährt so viele Gäste, Zum Glück gibt es die Brennnessel noch recht häufig und damit auch diejenigen Schmetterlinge, deren Raupen dort fressen. Zu diesen »Nesselfaltern« gehören einige bekannte Tagfalter und auch manche Nachtfalter. Viele andere Schmetterlinge sind aber leider in den letzten Jahren sehr selten geworden. Das hat verschiedene Gründe. Einer davon ist sicher, dass ihr Raupenfutter mehr und mehr verschwindet. Große Flächen mit wertvollen Wildkräutern wurden von den Menschen schon zerstört.

Admiral
Raupenfutter:
Brennnessel (6)

Landkärtchen
Raupenfutter:
Brennnessel (6)

Schwalbenschwanz
Raupenfutter:
Wilde Möhre (7) und ähnliche Pflanzen

Großes Ochsenauge
Raupenfutter:
Wiesen-Rispengras (8)
und andere Gräser

Kommafalter
Raupenfutter:
Wiesenschwingel (9)
und andere Gräser

Goldene Acht
Raupenfutter:
Kronwicke (10), auch Klee
und Luzerne

Zitronenfalter
Raupenfutter:
Blätter des Faulbaumes (11)

Aurorafalter
Raupenfutter:
Wiesenschaumkraut (12)
und ähnliche Pflanzen

Der Sommer

Auf der schütteren Wiese am warmen Südhang wachsen nur wenig Gräser, dafür umso mehr Blumen. Fachleute nennen diesen Lebensraum *Magerwiese.* Für Schmetterlinge ist hier im Frühsommer ein Ort zum Trinken und Ausruhen, ein Treffpunkt der Partner, ein Hochzeitsplatz und ein reich gedeckter Tisch für die Raupen.
Die hohen Blütenköpfe der Flockenblume sind gute Start- und Landeplätze für die Schmetterlinge. Hier sättigen sich *Distelfalter* ①, *Goldene Acht* ② und *Schachbrett* ③. Träge lässt sich das rot-schwarze *Blutströpfchen* ④ auf einer Skabiose schaukeln und mit einer leisen Luftströmung segelt der prächtige *Schwalbenschwanz* ⑤ heran. Bei ihren Besuchen tragen die Falter Blütenstaub von Blüte zu Blüte. Wie Bienen und Hummeln sind sie wichtige Bestäuber. Sie alle helfen den Blumen, Samen zu bilden.
Die lockeren, duftigen Magerwiesen sind eine wertvolle Heimat für zahlreiche Schmetterlinge. Kaum ein anderer Lebensraum beherbergt so verschiedene und seltene Arten. Wie kommt es dazu? Magerwiesen werden nur selten gemäht. So haben die Wildblumen genügend Zeit, zu blühen, ihre Samen reifen zu lassen und sich auszubreiten. Auch machen ihnen hier die Gräser den Platz nicht streitig. Gräser gedeihen auf dem ungedüngten Boden nämlich nicht so gut. Deshalb sind diese Wiesen besonders blumenreich und für Falter ein wahres Paradies.

Schmetterlinge
① Distelfalter
② Goldene Acht
③ Schachbrett
④ Blutströpfchen
⑤ Schwalbenschwanz und Raupe
⑥ Gemeiner Bläuling
⑦ Großer Kohlweißling

Insekten
⑧ Ameise
⑨ Schwebfliege
⑩ Grünfüßler
⑪ Streifenwanze
⑫ Sandwespe
⑬ Honigbiene

Pflanzen
⑭ Zittergras
⑮ Tauben-Skabiose
⑯ Skabiosen-Flockenblume
⑰ Hornklee
⑱ Wilde Möhre
⑲ Karthäusernelke

Eine merkwürdige Freundschaft

Am sonnigen Wiesenhang blüht jetzt der Wilde Thymian ①. Hier wächst die Raupe des *Schwarzgefleckten Bläulings* ② heran. Aber eines Tages verlässt sie ihre Futterpflanze und kriecht suchend umher. Für ihr weiteres Leben braucht sie nämlich Hilfe und die bekommt sie von Ameisen.

Ameisen sind normalerweise die Todfeinde aller Raupen ③. Das Bläulingsräupchen jedoch ist für diese Begegnung gut gerüstet. Seiner dicken Haut können die scharfen Ameisenzangen nichts anhaben. Auch schnellt es nicht wie andere Raupen wild hin und her. Im Gegenteil – es hält ganz einfach still. Auf seinem Rücken sondert es ein kleines Tröpfchen ab, das nach Honig duftet. Begierig lecken die Ameisen diesen süßen Saft auf. Dann zerren sie den kostbaren Honigspender heim ins Ameisennest ④.

Nun hat die Raupe ihr Ziel erreicht! Den ganzen Winter über kann sie vor ihren vielen Feinden verborgen leben. Manchmal lässt sie sich auch etwas Ameisenbrut schmecken. Als Gegenleistung bekommen die Ameisen die heiß begehrten Zuckertröpfchen ⑤.

Nach der Verpuppung schlüpft der Bläuling im Frühsommer aus dem Ameisennest ⑥. Bald paart er sich ⑦, legt seine Eier an den Thymian und diese wunderbare Schmetterlingsgeschichte beginnt von Neuem.

Schmetterlinge in Not

Leicht und mühelos erscheint uns der Flug der Schmetterlinge. Aber das Leben in der Luft kostet viel Energie. So wie Flugzeuge immer wieder landen und Benzin auftanken müssen, so müssen auch Falter immer wieder Blüten aufsuchen und Nektar trinken. In manchen Gegenden ist es aber sehr schwierig für sie geworden, eine »Tankstelle« zu finden.
Hier auf dem Bild startet gerade der *Große Kohlweißling* ① zu einem langen und gefährlichen Flug. Wo wird er unterwegs Nahrung finden? Das Feld vor ihm ist blütenleer. Es wurde schon mehrmals mit Spritzmitteln behandelt. Nun sind dort alle Ackerwildkräuter verschwunden. Oft gibt es in weitem Umkreis nichts als öde Getreide- und Maisfelder. Für Nektartrinker gleicht solch eine Landschaft einer lebensfeindlichen Wüste! Zum Glück gibt es aber dazwischen ab und zu willkommene Oasen.

Schmetterlinge

① Großer Kohlweißling
② Kleiner Feuerfalter
③ Distelfalter
④ Rotbraunes Ochsenauge
⑤ Grünflügelspanner
⑥ Brauner Mönch (Raupe)
⑦ Gamma-Eule
⑧ Segelfalter
⑨ Rapsweißling
⑩ Silbergrüner Bläuling

Pflanzen

⑪ Kornblume
⑫ Moschus-Malve
⑬ Schafgarbe
⑭ Wilde Möhre
⑮ Wiesen-Pippau
⑯ Pastinak
⑰ Beifuß
⑱ Großblütige Königskerze
⑲ Ackerdistel
⑳ Leinkraut
㉑ Wegwarte
㉒ Geruchlose Kamille
㉓ Weizen
㉔ Hafer

Der Feldrand

Auf unseren Spaziergängen durch das sommerliche Land freuen wir uns, wenn leuchtend bunte Blumen die Felder und Wege säumen, Diese *naturbelassenen Randstreifen* sind die Heimat vieler Wildkräuter und Insekten. Und so sind auch Schmetterlinge zur Stelle und suchen hier Nahrung und Schutz.

Feldränder haben aber noch eine andere Aufgabe in unserer Landschaft. Sie sind nämlich wichtige Wanderwege für die Falter. Ihr Flug von Blüte zu Blüte und weiter über Land ist auf dem Bild als gelbes Band dargestellt. Entlang dieser Wege können sich die Schmetterlinge ausbreiten. Hier finden sie Proviant und treffen Artgenossen aus anderen Gegenden. Mühelos gelangen sie von einem Lebensraum in den nächsten. Auf ähnliche Weise dienen Hecken und Feldgehölze, Böschungen, Bahndämme und andere *Biotope* den Faltern als Straßennetz.

Auf der Suche nach Nektar

Schmetterlinge tragen ihren *Rüssel* fast immer fein aufgerollt und verborgen unter dem Kopf. Zum Aufsaugen der Nahrung aber wird das haarfeine Saugrohr weit ausgestreckt. Dann sieht man, wie lang diese Rüssel sind – viel länger als bei anderen saugenden Insekten!
Viele Falter besuchen Blumen und holen sich den Nektar wie mit einem Strohhalm tief aus den Blüten. Blumen mit engen Kelchen und Röhren sind für die Langrüssler besonders verlockend. In diesen *Falterblumen* gehört ihnen der Nektar ganz allein. *Bienen* und *Hummeln* haben ja nur einen kurzen Rüssel und können dort nicht trinken. Sie sammeln den Nektar aus anderen Blüten.
Manche Schmetterlinge lecken auch gerne am Saft verletzter Bäume. Andere laben sich an Tautropfen, gärenden Früchten oder am Honigtau, den die Blattläuse ausscheiden. Der *Große Schillerfalter* steckt seinen Rüssel sogar in Aas und stinkende Abfälle. Aber es gibt auch Falter, die überhaupt keine Nahrung mehr aufnehmen, wie zum Beispiel die *Nachtpfauenaugen.* Sie zehren von den Vorräten, die einst die Raupe gespeichert hat.

Saugende Insekten und ihre Rüssellänge
① Stubenfliege, 1–3 mm
② Dickkopffalter, 18–20 mm
③ Großer Schillerfalter, 20–25 mm
④ Mittlerer Weinschwärmer, 30–40 mm
⑤ Taubenschwänzchen, 25–30 mm
⑥ Gartenhummel, 12–18 mm
⑦ Honigbiene, 6 mm

Sommergäste im Blumengarten

Viele Garten- und Balkonblumen sind bei Faltern sehr beliebt. Wenn wir solche Blumen in Haus- und Schulgärten, in Kästen und Kübel pflanzen, entwickelt sich bald ein bunter Schmetterlingsgarten. Besonders anziehend scheint der Schmetterlingsstrauch zu sein. So nennt man den Sommerflieder, weil er oft die Falter der ganzen Umgebung bewirtet. Vielleicht kommen auch *Admiral* und *Distelfalter* zu diesem Treffpunkt. Sie haben schon eine Reise von vielen Hundert Kilometern hinter sich, sie sind nämlich *Wanderfalter.*

Diese Schmetterlinge machen sich jedes Jahr im Frühling in den Mittelmeerländern auf die Wanderschaft. Unablässig ziehen sie nordwärts, über Berg und Tal. Viele gehen in den Alpen durch Schnee und Regen zugrunde, aber der Rest zieht weiter. Im Frühsommer treffen sie bei uns ein und die meisten bleiben nun hier. Manche treibt es auch jetzt noch weiter nach Norden. Im Herbst fliegen Admiral und Distelfalter wieder südwärts. Jahr um Jahr versuchen einige Wanderfalter bei uns zu überwintern, aber die Kälte löscht ihr Leben aus.

Blumen
① Tabak
② Lavendel
③ Fetthenne
④ Phlox
⑤ Sommerflieder
⑥ Sonnenhut
⑦ Blutweiderich
⑧ Petunie

Schmetterlinge
⑨ Hausmutter
⑩ Kleiner Fuchs
⑪ Tagpfauenauge
⑫ Admiral
⑬ Großer Kohlweißling
⑭ Distelfalter

Die Waldlichtung

Heiß brennt die Sonne auf die Lichtung mitten im Wald. Disteln, Wasserdost und Himbeeren haben die jungen Fichten fast überwuchert.
Ein heller Falter lässt sich gerade auf dem Weidenröschen nieder. Wahrhaftig, schon wieder der *Große Kohlweißling* ①! Er ist wirklich eine »Allerweltsart«, die sich überall herumtreibt. Die meisten Schmetterlinge dagegen sind eng an ein bestimmtes Biotop gebunden. Dort findet jede Art genau das, was sie zum Leben braucht. Deshalb treffen wir auf einer Magerwiese andere Falter an als auf einer Gebirgswiese, am Teichrand andere als im Moor oder in der Heide.
Im lichten Mischwald sind viele Falter zu Hause. Allerdings sind nicht alle Bewohner zur gleichen Jahreszeit unterwegs. Den *Zitronenfalter* etwa sehen wir im Sommer nicht oft. Er verschläft die heiße Zeit und taucht erst im Herbst wieder auf.
Jetzt im Hochsommer herrscht hier der *Kaisermantel*, auch *Silberstrich* genannt ②. Unter seinen vielen Besonderheiten fällt vor allem die Art der Eiablage auf. Das Weibchen des Kaisermantels legt seine Eier nicht wie die anderen Faltermütter direkt an das Raupenfutter. Es spaziert zunächst nur suchend über den Waldboden und prüft, ob dort wirklich genügend Veilchen wachsen! Dann fliegt es zu einem nahen Baum und versteckt die Eier hoch oben in Ritzen und Spalten der Rinde. Dort schlüpfen und überwintern die Räupchen. Im Frühjahr treten sie den langen Fußmarsch stammabwärts an. Unermüdlich robben sie über den Waldboden, bis sie ihre Futterpflanzen, die Veilchen, erreichen.

Schmetterlinge
① Großer Kohlweißling
② Kaisermantel
③ Landkärtchen

Pflanzen
④ Weidenröschen
⑤ Sumpf-Kratzdistel
⑥ Wasserdost
⑦ Himbeere

Hochzeitstanz und Duftwolken

Das Wichtigste im Leben eines Schmetterlings ist es, sich fortzupflanzen. Vor der Balz und Paarung müssen die Partner aber erst einmal zusammenfinden und sich als Artgenossen erkennen. Wie machen sie das?

Der *Kaisermantel* fliegt auf alles zu, was einem goldgelben Falterweibchen ähnelt. Aber nur die richtige Partnerin spielt dann beim Hochzeitstanz auch richtig mit! Sie muss nämlich in schwirrendem Flug voranfliegen ①. Das Männchen taucht immer wieder unter ihr hindurch und schwingt sich dann vor ihr steil in die Höhe ②. Manche Falter umflattern sich prüfend wie die *Großen Kohlweißlinge* ③. Viele erkennen sich an der unterschiedlichen Färbung der Flügel, wie die *Aurorafalter* ④.

Aber im Dunkeln und auf große Entfernung braucht man andere Erkennungszeichen. Nachtfalter benutzen vor allem Duftsignale. Das flugfaule Weibchen des *Kleinen Nachtpfauenauges* ⑤ lässt seinen Duft vom Wind forttragen. Auch wenn das Männchen ⑥ viele Kilometer weit weg ist, riechen seine fein gefiederten Fühler die Partnerin. Sie führen es sicher zu ihr.

Die Nachtschmetterlinge

Im Gegensatz zu den Tagfaltern sind die meisten Nachtfalter im Dunkeln unterwegs. Von dem lautlosen nächtlichen Geflatter merken wir wenig, obwohl es viel mehr Nachtfalter als Tagfalter gibt. Das Heer der *Kleinschmetterlinge, Zwergmotten* und *Spanner*, der *Bären-* und *Zahnspinner*, der *Eulenfalter*, *Schwärmer* und wie sie alle heißen ist munter, wenn wir schlafen. An einem Sommerabend verirren sie sich manchmal in unsere Zimmer. Oft umkreisen sie auch helle Straßenlaternen, bis sie todmüde zu Boden sinken. Am Tage sitzen sie ruhig und unauffällig im Versteck. Die Flügel sind an den Körper geschmiegt oder seitwärts flach ausgebreitet. Diese Flügelhaltung ist typisch für Nachtfalter. Tagfalter klappen ihre Flügel ja nach oben über dem Rücken zusammen. Ein weiterer Unterschied ist die Form der Fühler: Bei Tagfaltern besitzen diese am Ende eine Keule oder einen Kopf. Bei Nachtfaltern sind sie fadenförmig, oft wie ein Kamm gezähnt oder gefiedert wie ein winziger Farnwedel.

Als düsteres Zeichen deuten manche Menschen die braunschwarzen Samthaare auf dem Rücken des *Totenkopfs* ⑦. Dieser Schwärmer führt ein ganz besonderes, ja geradezu abenteuerliches Leben. Der Totenkopf besitzt nämlich einen erstaunlich kurzen und festen Rüssel. Damit leckt er nicht nur Baumsäfte auf. Er sticht auch die Honigwaben in den Bienenstöcken an. Außerdem kann er Geräusche von sich geben – auch eine Besonderheit im Reich der Falter. Sein feines Brummen besänftigt die aufgeregten Bienen und hält sie davon ab, den Dieb sofort abzustechen. Und schließlich gehört der Totenkopf zu den Wanderfaltern. Er ist, wie alle Schwärmer, ein rasanter Flieger. Seine schmalen, schnittigen Flügel schlagen bis zu 80-mal in der Sekunde auf und ab und treiben ihn pfeilschnell vorwärts. Ein Kohlweißling dagegen bewegt die Flügel nur etwa 5-mal in der Sekunde. Daher kommt sein gaukelnder, ja fast hüpfender Flug.

① Mittlerer Weinschwärmer
② Blattspanner
③ Brauner Bär
④ Rotes Ordensband
⑤ Gamma-Eule
⑥ Großer Gabelschwanz
⑦ Totenkopfschwärmer

Nachtblumen und ihre Gäste

Wenn am Abend die Sonne untergeht, ist das für Tagfalter ein Signal, sich ein ruhiges Versteck zu suchen. *Bläulinge* ① versammeln sich oft an einem gemeinsamen Schlafplatz und warten klamm vor Kälte auf den Morgen. Für Nachtfalter ist der Sonnenuntergang ein Signal, die Tagesruhe zu beenden und sich für den Start in die Sommernacht vorzubereiten. Heftiges Flügelzittern und ein dichtes Pelzchen helfen dem *Weinschwärmer* ② gegen die nächtliche Kühle.

In der Dämmerung huschen einige Schwärmer in hektischem Zickzackflug vor den Blüten des Jelängerjelieber ⑦ hin und her. Sie setzen sich zum Trinken nicht hin, sondern stehen wie Kolibris im Schwirrflug in der Luft. Gezielt stecken sie ihren extralangen Rüssel in den Kelch. Nur sie erreichen diese Nahrungsquellen. Auch der Stechapfel ⑧, das Weiße Leimkraut ⑨ und andere Nachtblumen sind ganz auf die Bestäubung durch Falter angewiesen. Deshalb locken sie ihre Gäste mit starkem Duft und reichlich Nektar.

Die laue Sommernacht ist voller Leben. *Wolfsmilchschwärmer* ③ und *Windenschwärmer* ④ sind unterwegs, vielleicht auch das prachtvolle *Große Nachtpfauenauge* ⑤. Ein besonderes Erlebnis ist es, dem kleinen *Federgeistchen* ⑥ zu begegnen – wahrhaftig ein Zauberwesen mit weißen Fransenflügeln und langen Dornen an den Beinchen.

Der Herbst

Vorbei ist das bunte Geflatter des Sommers! Jetzt im Herbst begegnen uns vielleicht noch der dunkle *Trauermantel* ①, das *Tagpfauenauge* ② oder der *C-Falter* ③. Sie laben sich an den letzten Blumen oder am Saft reifer Früchte.
So schön und liebenswert wie diese bunten Tagfalter sind allerdings nicht alle Schmetterlinge. Vor allem unter den Nachtfaltern gibt es viele Arten, die Schaden anrichten können. Wer hat sich nicht schon einmal über einen wurmstichigen Apfel geärgert! Der Übeltäter ist die kleine Raupe des *Apfelwicklers.* Im Frühjahr hat das kaum zentimetergroße Weibchen seine Eier an die unreifen Äpfel gelegt ④. Die Räupchen bohren sich dann in den saftigen Unterschlupf und hausen dort den Sommer über. Dabei füllen sie das Innere mit ihren braunen Kotkrümelchen. Im Herbst verlassen sie das reife Obst ⑤ und seilen sich aus luftiger Höhe ab in ein sicheres Winterquartier am Boden.
Auch einige Kleinschmetterlinge sind manchmal sehr ungeliebte Hausgenossen, wie etwa die *Mehlmotte* oder die *Kleidermotte.* Ihre Namen sagen schon, was ihnen besonders gut schmeckt. Aber vor allem in der Land- und Forstwirtschaft kann Raupenfraß verheerend sein.
Die Eiche ist ein besonders beliebter Futterplatz. Über 200 verschiedene Raupen knabbern an ihren jungen Knospen und Trieben. Aber zum Glück kann der Baum ein zweites Mal austreiben. Später vergeht den Pflanzenfressern der Appetit, denn die Eiche lagert mehr und mehr Gerbsäure in die Blätter ein. Diese werden dadurch hart und ungenießbar.
Ganz erstaunlich ist, dass eine von Schädlingen befallene Eiche ihre Nachbarn vor der drohenden Gefahr warnen kann. Aus ihren Wurzeln gelangen »Alarmstoffe« durch den Boden zu den umstehenden Bäumen. Daraufhin pumpen diese besonders schnell und viel Gerbsäure in ihre Blätter.
So versuchen die Bäume zusammen mit zahllosen Schlupfwespen, Vögeln und anderen Raupenfeinden, gegen die massenhafte Vermehrung der Schädlinge anzukämpfen.

Einige Schmetterlingsarten, die der Eiche schaden

1. Eichenwickler
2. Aprileule
3. Eichen Schelflügel
4. Grünflügelspanner
5. Großer Frostspanner
6. Blauer Eichenzipfelfalter
7. Eichenprozessionsspinner
8. Mondfleckspanner
9. Nonne
10. Mondvogel
11. Eichen-Zahnspinner
12. Lindenschwärmer
13. Nagelfleck
14. Kleines Eichenkarmin
15. Eichenspinner

Schmetterlinge leben gefährlich

Für zahlreiche Tiere sind Schmetterlinge eine wichtige Nahrung. Aber immer wieder entwischen einige Falter ihren Verfolgern und können weiter für Nachkommen sorgen. Bei ihrer Verteidigung sind sie so trickreich und erfinderisch, dass wir nur staunen können.
Hier auf dem Bild findet gerade ein Luftkampf statt, noch dazu bei stockfinsterer Nacht! Der *Mondvogel* ① war unterwegs, als das *Mausohr* ② Hunger verspürte. Nun ist der Nachtfalter in das Radarnetz dieser Fledermaus geraten. Um sich im Dunkeln zu orientieren, stößt sie durch das offene Maul Ultraschalltöne aus. Am Echo erkennt sie die Umgebung und auch ihre Beute. Das sind vor allem Schmetterlinge, Käfer und andere Nachtgeister. Mit ihren Schwingen schöpft sie diese wie mit einem Löffel im Flug aus der Luft.
Wie wird die wilde Jagd enden? Meist kann die angepeilte Beute nicht entkommen. Manchmal ist aber auch die Fledermaus der Verlierer. Einige Schmetterlinge können ihre feinen Töne nämlich hören und wissen, was sie bedeuten. Dann lassen sie sich augenblicklich wie ein Stein zu Boden fallen.
Durch die Zerstörung vieler Lebensräume gibt es in den letzten Jahren immer weniger Nachtfalter. Damit verbunden ist sicher auch der Rückgang der Fledermäuse. Das zeigt, wie fein das Zusammenleben der verschiedenen Tiere aufeinander abgestimmt ist.

Von Tarnung und Warnung

Viele Insekten versuchen sich vor ihren Feinden möglichst unsichtbar zu machen. Sie tarnen sich. So sind auch Schmetterlinge wie *Roseneule* ① und *C-Falter* ② durch ihr Tarnkleid nur schwer zu entdecken. Noch dazu sitzen sie so still und reglos wie eine Blüte oder ein trockenes Blatt. Bei einer Störung gibt der *Aurorafalter* ③ seine Tarnung auf. Warnend lässt er dann seine orangen Flügelspitzen aufblitzen.
Bunte Falter wie der *Braune Bär* ④ und das *Blutströpfchen* ⑤ wollen geradezu auffallen. Für hungrige Vögel wirken ihre rot-schwarzen Warnfarben wie ein Signal. Es bedeutet: Halt! Diese Falter schmecken nämlich ganz abscheulich, ja, sie sind sogar giftig.
Ganz raffiniert hat sich der *Hornissenschwärmer* ⑦ verkleidet. Mit seinen glasklaren Flügeln und der schwarz-gelben Färbung sieht er einer gefährlichen *Wespe* ⑧ zum Verwechseln ähnlich. So täuscht er seine Feinde, denn er selbst hat keinen Stachel. Wenn ein wehrloses Tier ein gefährliches Vorbild nachahmt, spricht man von *Mimikry*.
Viele Schmetterlinge tragen wie das *Tagpfauenauge* ⑨ leuchtende Augenflecken auf den Flügeln. Ein prächtiger Schwärmer, das *Abendpfauenauge* ⑩, schiebt bei Gefahr seine unscheinbaren Vorderflügel etwas zur Seite. Dadurch werden auf den Hinterflügeln zwei drohende Augenflecke sichtbar. Ein angreifender Vogel erschrickt und schon ist der Falter weggeflogen.

① Roseneule
② C-Falter
③ Aurorafalter
④ Brauner Bär
⑤ Blutströpfchen
⑥ Rotes Ordensband
⑦ Hornissenschwärmer
⑧ Wespe
⑨ Tagpfauenauge
⑩ Abendpfauenauge
⑪ Brauner Waldvogel
⑫ Nagelfleck

Der Winter

Ein Schmetterling mitten im Winter? Richtig, ein *Zitronenfalter.* Reglos und ungeschützt hängt er zwischen dürren Gräsern und Brombeerranken. Nur der Schnee hat ein Dach über sein Versteck gebaut. Ob er erfroren ist?
Keineswegs. Er ruht nur und das gehört zum normalen Lebenslauf eines »Zitrönlers«, wie er auch oft genannt wird. Sein Falterdasein begann im letzten Sommer. Als es dann im Herbst kalt wurde, verfiel er in eine *Winterruhe.* Wochenlange Kälte, ja sogar strenger Frost machen ihm nichts aus. Im nächsten Frühjahr wird er wieder aufwachen, sich paaren und Eier legen. Dann erlischt sein Leben.
Ein Zitronenfalter wird also acht bis zehn Monate alt. Nach der Zeitrechnung der Schmetterlinge ist dies geradezu uralt! Die meisten Falter überdauern ja nur wenige Tage oder Wochen. Spätestens die ersten Herbstfröste machen ihrem Leben ein Ende.
So wie der Zitronenfalter verschlafen auch das *Tagpfauenauge,* der *Kleine Fuchs* und einige andere Falter die kalte Zeit als erwachsene Falter. Sie suchen sich dazu ein sicheres Winterquartier. Manchmal geraten sie sogar ins Haus und werden durch die Heizung wieder munter. Dann sollten wir sie rasch an einen kühlen Ort bringen. Im warmen Zimmer verflattern sie sonst ihre Kräfte und gehen ohne Nachkommen zugrunde. Und diese sind ja das eigentliche Ziel ihres Lebens.
Viele Schmetterlingsarten überstehen Eis und Schnee nicht als erwachsene Falter, sondern als winziges Ei oder als junges Räupchen. Meist verbergen sie sich in Spalten, Ritzen und hohlen Pflanzenstängeln. So harren sie aus, bis es wieder wärmer wird. Manche Falter überwintern auch als Puppe.

Die Puppenruhe

Zwischen Moos und Herbstlaub macht sich die dicke *Weinschwärmerraupe* zu schaffen. Wie viele Nachtfalterraupen webt sie sich aus Seidenfäden und Blättern einen *Kokon*, auch Puppenwiege genannt. Dort streift sie ihr letztes Raupenhemd ab. Es bleibt am Fußende liegen. Zum Vorschein kommt die große, braune Puppe ①. Ein paarmal dreht und wendet sie sich noch, als wollte sie sich zurechtlegen. Dann ruht sie den ganzen Winter lang.

Was geht unter der Puppenhülle vor sich? Würden wir eine junge Puppe öffnen, so fänden wir nichts als einen weißlichen Brei! Der Raupenkörper hat sich aufgelöst. Er ist in seine einzelnen Bausteine, die Zellen, zerflossen. Diese fügen sich nach komplizierten Regeln neu zusammen. Am Ende der Puppenruhe hat sich aus dem ganzen Zellmaterial der Raupe ein Schmetterling aufgebaut. Dieser geheimnisvolle Vorgang ist noch immer voller Rätsel.

Jetzt im Winter hängen die *Gürtelpuppen* vom *Großen Kohlweißling* ③, *Schwalbenschwanz* ④ und *Aurorafalter* ⑤ fest angeseilt an Zweigen und Hauswänden. Hier auf dem Bild ist auch noch eine andere Puppenart zu sehen. Sie heißen *Sturzpuppen*, weil sie mit dem Kopf nach unten hängen. Diese Puppen von *Tagpfauenauge* ⑥, *Kaisermantel* ⑦ und *Admiral* ⑧ finden wir in der Natur allerdings nur im Sommer.

Kokons oder Puppenwiegen
① Mittlerer Weinschwärmer
② Blutströpfchen

Gürtelpuppen
③ Großer Kohlweißling
④ Schwalbenschwanz
⑤ Aurorafalter

Sturzpuppen
⑥ Tagpfauenauge
⑦ Kaisermantel
⑧ Admiral

Das Jahr der Schmetterlinge

Frühling, Sommer, Herbst und Winter hindurch haben wir die Falter auf ihren unterschiedlichen Lebenswegen begleitet. Jetzt, am Ende des Schmetterlingsjahres, lassen wir ihre lange Entwicklung noch einmal abrollen. Die einzelnen Lebensabschnitte der Falter sind auf wunderbare Weise dem Kreislauf der Jahreszeiten angepasst. Fast jede Art teilt sich die Zeit etwas anders ein. Fünf verschiedene Möglichkeiten sind auf den Bildern zu sehen.
Die Verwandlung vom Ei über die Raupe und Puppe bis zum erwachsenen Falter nennt man auch eine *Generation*. Manche Schmetterlinge wie der *Zitronenfalter* brauchen dafür ein Jahr. Bei anderen Schmetterlingsarten, wie dem *Kleinen Fuchs*, gibt es zwei Generationen im Jahr.

① Taubenschwänzchen
② Distelfalter
③ Postillon
④ Admiral
⑤ Gamma-Eule

Auch das Leben der Wanderfalter wird vom Kreislauf der Jahreszeiten bestimmt. Im späten Frühjahr kommen sie aus dem Süden zu uns, im Herbst ziehen viele ihrer Kinder wieder in den Süden zurück. Anstrengend und gefährlich ist der lange Hin- und Rückflug, und manche erreichen nie ihr Ziel. Aber dennoch kommen die Wanderfalter jedes Jahr wieder, um den Sommer hier zu verbringen. Wie verlockend muss also dieses Land für sie sein, wie begehrenswert der Nektar, wie üppig das Raupenfutter! Diesen Reichtum müssen wir erhalten, für die Wanderer und natürlich auch für die einheimischen Schmetterlinge. Nur in einer reichen Natur können sie alle überleben.

Was alles in diesem Buch steht

Von Schmetterlingen und anderen Insekten (Seite 42/43)
Was Schmetterlinge mit Käfern, Libellen und Heuschrecken gemeinsam haben und was sie unterscheidet

Die große Verwandlung (Seite 44/45)
Der lange Weg des Schmetterlings vom Ei über die Raupe und Puppe bis hin zum erwachsenen Falter

Der Schmetterling und seine Umwelt (Seite 46/47)
Wie sich Falter mithilfe ihrer Sinnesorgane zurechtfinden

Der Frühling (Seite 48)
Von den ersten Schmetterlingen im Jahr, ihren Nahrungs- und Balzflügen

Schmetterlinge sorgen für Nachkommen (Seite 49)
Von der Paarung, von Schmetterlingsmüttern und ihren winzigen Eiern

Das Leben der Raupen (Seite 50/51)
Vom Fressen und Wachsen, von Spinnfäden, Warnfarben und Brennhaaren

Raupen sind Feinschmecker (Seite 52)
Von wählerischen Raupen, Veilchenblättern und anderen Futterpflanzen

Schmetterlinge brauchen Wildkräuter (Seite 53)
Von der Gefährdung der Schmetterlinge durch den Mangel an Raupenfutter

Der Sommer (Seite 54)
Vom Falterleben auf einer Blumenwiese

Eine merkwürdige Freundschaft (Seite 55)
Vom abenteuerlichen Leben eines Bläulings und von naschhaften Ameisen

Schmetterlinge in Not (Seite 56)
Von lebenswichtigem Nektar und blütenleeren Feldern

Der Feldrand (Seite 57)
Wie Schmetterlinge sich ausbreiten und neue Gebiete besiedeln können

Auf der Suche nach Nektar (Seite 58)
Von kurzen und langen Insektenrüsseln

Sommergäste im Blumengarten (Seite 59)
Von Blumen für heimische Schmetterlinge und Wanderfalter

Die Waldlichtung (Seite 60)
Von Vagabunden und Faltern, die zu Hause bleiben

Hochzeitstanz und Duftwolken (Seite 61)
Wie Schmetterlingspaare sich finden und als Partner erkennen

Die Nachtschmetterlinge (Seite 62)
Was Tag- und Nachtfalter voneinander unterscheidet

Nachtblumen und ihre Gäste (Seite 63)
Vom Falterleben in einer Sommernacht

Der Herbst (Seite 64/65)
Vom Wurm im Apfel und von anderen Faltern, die Schaden anrichten

Schmetterlinge leben gefährlich (Seite 66)
Wie Schmetterlinge ihren Feinden entwischen

Von Tarnung und Warnung (Seite 67)
Mit welchen Tricks Schmetterlinge ihre Feinde täuschen

Der Winter (Seite 68)
Vom Zitronenfalter und anderen Schmetterlingen in Eis und Schnee

Die Puppenruhe (Seite 69)
Vom geheimnisvollen Leben unter der Puppenhülle

Das Jahr der Schmetterlinge (Seite 70/71)
Von der Entwicklung der Falter im Kreislauf der Jahreszeiten

Die Blumen-Uhr

Mit Blüten und ihren Gästen durch das Jahr

Blumen sind Lebewesen besonderer Art

Unzählige Blumen gibt es auf unserer Erde. Stellvertretend für sie alle siehst du hier einen Löwenzahn. Aber was sollen denn die Tiere rundherum? Das Bild möchte dir zeigen, dass dieser Löwenzahn lebendig ist, genauso wie ein Hase oder ein Schmetterling. Zusammen mit den anderen Pflanzen, mit Tieren und Menschen gehört er zu den *Lebewesen.* Sie alle brauchen Nahrung, wachsen und vermehren sich. Und eines Tages, wenn ihre Zeit vorüber ist, sterben sie.

Aber wie gelingt es den Blumen, möglichst lange zu überleben und jedes Jahr wieder zu blühen und Samen zu bilden? In diesem Buch wirst du erfahren, wie gut sie dafür gerüstet sind. Viele Aufgaben bewältigen sie in ganz ähnlicher Weise wie die Tiere. Zum Beispiel sammeln Tulpen und andere Blumen in dicken Zwiebeln und Knollen Vorräte für schlechte Zeiten, ähnlich wie ein Hamster ② Körner in seinem unterirdischen Bau. Mit spitzen Stacheln und Dornen verteidigen sich Rosen und Disteln so erfolgreich wie ein Igel ⑧.

Natürlich nehmen Pflanzen ihre Umgebung nicht so genau wahr wie etwa ein Waldkauz ⑥. Und doch erkennen sie, wo die Sonne steht und welche Tageszeit es ist. Sie schlafen zwar nicht wie eine faule Katze ③, aber auch sie haben Zeiten, in denen sie ruhen.

Wenn die kleine Grasmücke ④ reichlich gefuttert hat, muss sie das Unverdauliche mit einem Klacks wieder loswerden. Pflanzen lagern ihren Abfall in den Blättern. Im Herbst welken diese und fallen mitsamt allen Giftstoffen ab.

Der Löwenzahn steht fest verwurzelt sein Leben lang an einem Ort. Er dreht allerdings seine Blätter (10) zur Sonne und öffnet und schließt seine Blüten (11). Auch gehen seine Samen (12) auf weite Reisen. Aber er selbst kann sich nicht so frei bewegen wie die Tiere. Deshalb braucht er bewegliche Freunde, die Insekten (9). Sie fliegen von Blüte zu Blüte und helfen ihm, Samen zu bilden.

Samen sind die Nachkommen der Pflanzen. In der Pusteblume reifen die Samen des Löwenzahns, die »Löwenzahnkinder«. Damit aus jedem eine kräftige Pflanze wächst, werden sie gut versorgt, ähnlich wie die jungen Schwalben (5) im Nest von ihrer Mutter.

Bei Pflanzen gibt es aber auch eine große Besonderheit: Im Gegensatz zu allen anderen Lebewesen brauchen sie zu ihrer Ernährung nichts weiter als Licht, Luft und Wasser aus dem Boden Daraus stellen sie in ihren Blättern Nahrung her, für sich selbst und für andere. So wie das Löwenzahnblatt hier von einem Hasen (7) verspeist wird, so sind überall die Pflanzen Nahrung für hungrige Tiere und auch für uns Menschen. Pflanzen sind deshalb die Grundlage für alles Leben auf der Erde.

Übrigens, um eines muss sich der Löwenzahn nicht kümmern: ums Waschen! Während die kleine Maus (1) viel Zeit damit verbringt, ihr Fellchen zu reinigen, spült der Regen einfach den Staub von den Blättern. Ist das nicht praktisch?

Vom Wachsen und Blühen im Frühling

Ein Blumenjahr beginnt. Noch ist es draußen kalt und unwirtlich. Aber wie ein Zeichen dafür, dass auch im Winter das Leben in der Natur nicht aufhört, blüht im Freien jetzt die Christrose ②. Ihre weißen oder rosa angehauchten Blüten erscheinen immer in der kalten Jahreszeit.
Oft liegt noch Schnee, da bimmeln schon die ersten Schneeglöckchen ⑨. Und wenn die Krokusse ④ sich entfalten, ist es wirklich Frühling geworden.
Manchmal liegen die gelben Krokusblüten ganz verwüstet am Boden. Der Übeltäter ist ein Amselmännchen ③. Die Farbe Gelb bringt es richtig in Wut. Gelb ist nämlich die Schnabelfarbe der Amselmännchen. Diese sind jetzt seine Rivalen. Zur Zeit des Nestbaus duldet es sie nicht in seinem Revier. Im Übereifer bekämpft es alles, was gelb ist, und deshalb auch diese gelben Frühlingsboten!
Die Tulpen ① wachsen wie viele Frühlingsblumen aus einer Zwiebel heraus, die tief in der Erde ruht. Schon im letzten Herbst hat sie nicht nur viele Nährstoffe eingelagert, sondern auch die künftigen Blättchen und Blüten gebildet. Fest verpackt und zusammengedrückt warten sie den kalten Winter über auf den Frühling.
Wenn nun die Sonne jeden Tag länger scheint, dringt ihre Wärme immer tiefer in den Boden. Dort unten im Dunkeln wirkt das wie das Läuten eines Weckers. Bei etwa 10 Grad Wärme und genügend Feuchtigkeit beginnen sich die winzigen Blättchen der Tulpe zu dehnen und zu strecken. Die Nahrung dazu liefert die dicke Zwiebel, sozusagen als kräftiges Frühstück nach dem Aufwachen.
Schneeglöckchen und Krokus erwachen schon bei geringer Wärme, also bei einem sehr leisen Ton des Weckers. Deshalb sind sie so früh im Jahr zur Stelle.
Mit zunehmender Wärme, wenn der Wecker immer lauter

schrillt, werden mehr und mehr Blumen zum Wachstum angetrieben. Endlich schieben die Tulpen zwischen ihren Blättern Knospen hervor und in vielen Gärten und Parkanlagen leuchten Hyazinthen ⑦, Osterglocken ⑧, Weiße Narzissen ⑥ und Primeln ⑤.
Wärme und Kälte, Regen und Wind sagen den Blumen, wann sie das Wachstum starten können. Wie jeder weiß, kann das Wetter recht launisch sein. Aber dadurch lassen sich Blumen in ihrem Jahresprogramm nicht völlig durcheinanderbringen. Sie nutzen nämlich noch einen anderen, zuverlässigeren Zeitgeber: Das ist die *wechselnde Tageslänge.* Wenn nun nach dem Winter die Tage wärmer und länger werden, kann das nur bedeuten: Der Frühling steht vor der Tür. Wenn dann später nach der sommerlichen Wärme die Tage wieder kühler und kürzer werden, heißt das: Der Herbst kommt.
Diese feinen, täglichen Veränderungen spüren die Pflanzen sehr genau. Jede Art erkennt daran, wann für sie die richtige Zeit ist, aufzuwachen, zu wachsen und zu blühen; wann die Samen reifen müssen und wann es wieder Zeit ist, sich zurückzuziehen und zu ruhen. So teilen sich die Pflanzen das Jahr gut ein und alles geschieht in der Jahreszeit, in der es am besten gelingen kann.
Dabei wollen wir den *Blütenpflanzen* – man kann auch einfach Blumen sagen – ein bisschen zusehen. Es spielt keine Rolle, ob sie auf dem Balkon, im Garten oder auf der Wiese blühen. Die Gesetze der Natur sind überall gleich.

So sehen wir Menschen die Blüte.

Kriechendes Fingerkraut

So sehen Bienen die Blüte.

Die Blüte als Schatzkammer und Gaststube

An den Blumen fallen uns zuallererst ihre herrlichen Blüten auf. Manche sind leuchtend bunt oder dunkel und wie aus Samt, voller Duft oder Gestank, zum Himmel schauend oder zur Erde geneigt. Einige haben lustige Zipfel an ihren Glöckchen, andere einen tiefen Kelch wie die Lilie oder ein ernstes Gesicht wie das Stiefmütterchen.

So verschieden Blüten auch aussehen, so sind sie doch alle nach dem gleichen Plan gebaut. Um die Aufgaben der einzelnen Teile besser zu verstehen, kann man sich eine Blüte wie eine Burg vorstellen, die weithin sichtbar auf einem Hügel thront.

Die äußeren Mauern bilden die derben, meist grünen *Kelchblätter*. Einen zweiten Mauerring stellen die *Blütenblätter* dar, die sich manchmal als Dach über das Blüteninnere wölben. Wie ein fester Turm ragt in der Mitte der *Stempel* empor. Oben trägt er die runzlige *Narbe*. Unten umschließt er mit dicken Wänden die kostbare Schatzkammer, den *Fruchtknoten*. Hier ruht die *Samenanlage*, in der im Laufe des Jahres der Samen entsteht. Er bedeutet für die Pflanze das Allerwichtigste: Er sichert nämlich die Vermehrung, denn aus jedem Samen kann eine neue Pflanze wachsen. Die Blüte versucht deshalb, die Samenanlage vor allen feindlichen Einflüssen zu schützen, vor allem vor Regen und Kälte.

Für Gäste steht das Burgtor der Blüte aber immer offen! Bei uns ist dies eine bunte Gesellschaft aus Bienen, Hummeln, Schmetterlingen und anderen Insekten. In tropischen Ländern gehören auch Vögel und Fledermäuse dazu. Für all diese Besucher leuchten die Blütenblätter weithin sichtbar wie bunter Fahnenschmuck. Tief auf dem Blütengrund wartet meist ein Zuckertröpfchen, der *Nektar*. Die hungrigen Gäste entdecken ihn schnell. Sie brauchen nur dem starken Duft zu folgen. Die hohen *Staubblätter* stehen jedoch sehr im Wege. Immer wieder rempeln die Besucher dagegen und aus den *Staubbeuteln* rieselt *Pollen* auf sie herab.

Damit niemand den Eingang verfehlt, ist er oft mit einem auffallenden Blütenzeichen markiert. Selbst das kleine Vergissmeinnicht trägt solch ein *Saftmal* als gelben Ring um seine Tür. Wir Menschen können am Fingerkraut und an manchen anderen Blüten allerdings nichts entdecken. Das Saftmal ist hier wie mit einer Geheimschrift geschrieben, die nur das Bienenauge lesen kann.

Man muss immer wieder staunen, wie wunderbar die Blüte ihre beiden Aufgaben verbindet: Sie behütet die Samenanlage und ist doch offen und einladend für ihre Gäste. Aber warum will sie diese so dringend herbeilocken?

1. Weiße Narzisse
2. Apfelbaum
3. Schneeglöckchen
4. Margerite
5. Wiesen-Bärenklau
6. Vergissmeinnicht
7. Schwertlilie
8. Wiesen-Glockenblume
9. Wegwarte
10. Kriechender Günsel
11. Tauben-Skabiose
12. Garten-Stiefmütterchen
13. Tulpe
14. Rote Lichtnelke
15. Klatschmohn
16. Kapuzinerkresse
17. Studentenblume
18. Löwenzahn
19. Hohe Schlüsselblume
20. Frauenmantel
21. Lilie
22. Maiglöckchen
23. Honigbiene
24. Blütenbock
25. Schwebfliege
26. Marienkäfer
27. Hummel
28. Großer Kohlweißling

Blütenblatt
Staubbeutel
mit Pollen oder
Blütenstaub
Staubblatt
Staubfaden
Narbe
Stempel
Samenanlage
im Fruchtknoten
Nektar
Kelchblatt
Blütenstiel
1
2
3
4
5
6
7
8
9
10
11
12
13
14
15
16
19
20
21
22
23
24
25
26
27
28

Klebriger Pollen des Löwenzahns (stark vergrößert)

Fliegende Boten tragen den Pollen aus

Das ist ein Summen im Apfelbaum ① und auf der Wiese! Unermüdlich sind die Bienen unterwegs. Eine taucht gerade in die Blüte eines Ackersenfs ②, um an den Nektar zu gelangen. Dabei heftet sich der klebrige Pollen an ihr Pelzchen. Nun fliegt sie zur nächsten Blüte. Dort bleiben ein paar Pollenkörnchen an der Narbe hängen. So lässt die fest stehende Blume ihren Pollen durch fliegende Boten von Blüte zu Blüte tragen. Dies wichtige Ereignis im Blumenleben nennt man *Bestäubung*.

Bienen vagabundieren nicht wahllos zwischen unterschiedlichen Blumen hin und her, sondern halten immer einer Art für eine Weile die Treue. Deshalb sind ihre Flugbahnen auf dem Bild in verschiedenen Farben dargestellt. Man sagt, Bienen sind *blütenstet*. So gelangt der Pollen des Ackersenfs nicht in eine Apfelblüte, sondern meist in eine Blüte derselben Art. Das ist wichtig, denn nur sie kann damit etwas anfangen.

Nun wollen wir kurz einer Biene zuschauen, die sich im Flug den überschüssigen Pollen aus den Haaren kämmt. Sie stopft ihn flink in kleine Körbchen, die aus einem Haarkranz an ihren Hinterbeinen bestehen. Schwer beladen mit gelben Paketen und den Bauch voller Nektar, fliegt sie heim zum Bienenstock.

In den Körbchen trägt die Biene den Pollen heim.

Leichter und glatter Pollen einer Grasblüte (stark vergrößert)

Die Reise mit dem Wind

Die meisten Blüten werden von Insekten bestäubt. Manche aber haben einen anderen Helfer. Das ist der Wind. Dieser faule Bote trägt seine Post nicht ordentlich aus, sondern schleudert sie wahllos umher. Weder leuchtende Farben noch süßer Duft können ihn locken. Deshalb sind windbestäubte Blüten klein, duftlos und ohne Nektar. Den mehligen und glatten Pollen halten sie an besonders luftigen Stellen abholbereit.
Gräser ③ und Brennnesseln ② gehören zu diesem Blütentyp und auch der Haselnussstrauch ①. Seine langen Kätzchen bestehen nur aus Staubblättern. Viele Millionen Pollenkörner warten hier auf den Abtransport. An einem Frühlingstag, wenn die Luft besonders warm und trocken ist, geht es los. Ein kleiner Windhauch lässt die Troddeln erzittern und schon schwebt eine gelbe Wolke davon. Noch hat der Haselnussstrauch keine Blätter, die die Reise behindern könnten. Je mehr Pollenkörner unterwegs sind, desto sicherer ist es, dass wenigstens einige ihr Ziel erreichen – die Narben. Diese sitzen getrennt von den Staubblättern als kleine rote Büschelchen auf den Ästen. An den klebrigen Narbenfäden bleibt der vorbeischwebende Pollen hängen wie Fliegen in einem Spinnennetz.

Bienen erhalten von den Blüten Nektar und Pollen als Nahrung für sich und das ganze Bienenvolk.

Blüten werden von Bienen bestäubt. Dadurch können sie Samen bilden und sich vermehren.

Einer hilft dem anderen

Was geschieht mit dem Pollen, den die Biene gerade von einem Klatschmohn auf die Narbe eines anderen gebracht hat? (Bild unten) Von außen kann man gar nichts sehen. Alles Weitere geschieht nämlich im Innern des Fruchtknotens, in der Schatzkammer. Hier findet die *Befruchtung* statt. Dabei verschmilzt ein Teil des männlichen Pollenkorns mit dem winzigen *Ei* in der weiblichen Samenanlage. Aus dem so befruchteten Ei entsteht ein kleiner *Pflanzenembryo*. Die Mutterpflanze versorgt ihn mit Proviant und einer harten Schale.

Im Fruchtknoten des Mohns liegen viele Samenanlagen und deshalb reifen in ihm auch viele Samen. Am Ende des Sommers kullern sie aus der trockenen Mohnkapsel.

Bienen bestäuben also die Blüten. Dafür geben die Blüten den Bienen Nahrung, nämlich Nektar und überschüssigen Pollen. Im Bienenstock spucken die Sammlerinnen den Nektar wieder aus und geben ihn an viele andere Bienen weiter. Dabei verwandelt er sich langsam in Honig. Gespeichert in den Waben, dient er dem Bienenvolk als Wintervorrat.

Sicher hast du es schon bemerkt: Blüten und Bienen brauchen einander. Sie sind unzertrennlich wie gute Freunde. Und Freunde mögen und helfen sich. In der Biologie nennt man das eine *Symbiose*. (Bild oben)

Diese Zusammenarbeit ist in der Natur von unendlicher Bedeutung. Sie sorgt dafür, dass auf unserer Erde immer wieder Blumen blühen und immer wieder Samen entstehen. Du kannst das hier am Jahreslauf der Kapuzinerkresse verfolgen. (Bild rechts)

Wir Menschen verdanken dieser Freundschaft nicht nur den Honig, sondern auch Äpfel und Kirschen, Himbeeren und Erdbeeren, Quitten und Orangen. All diese Früchte sind ja nichts anderes als Pflanzensamen in einer leckeren Hülle!

Biene bei der Bestäubung des Klatschmohns

Die Kapuzinerkresse im Jahreslauf

Im Frühling keimen die Samen der Kapuzinerkresse. Im Sommer bilden sich in den bestäubten und befruchteten Blüten die Samen. Im Herbst reifen sie und fallen zu Boden. Dort ruhen sie den ganzen Winter über, bis sie im Frühling wieder auskeimen …

Die gelehrige Biene an der Rosskastanie

Die Hummel als Nektardieb am Eisenhut

Blütennektar für viele Gäste

Jetzt zur Frühsommerzeit blühen überall an den Wegrändern die Taubnesseln. Beim nächsten Spaziergang kannst du einmal eine Blüte abzupfen. Wenn du am unteren Ende saugst, schmeckt es ein bisschen süß. Das ist der Nektar. Diese winzigen Tröpfchen holen sich die Insekten mit ihrem Rüssel wie mit einem Strohhalm heraus. *Rüssellänge* und *Blütenform* sind gut aufeinander abgestimmt.

Die meisten Blüten sind so gebaut, dass die emsigen Bienen, die Hauptbestäuber aller Blumen, sie gut auslecken können. In tiefere Blüten dringen Hummeln mit ihrem etwas längeren Rüssel ein. Bei ganz langen Röhrenblüten, Trichtern und Kelchen kommen nur noch Schmetterlinge zum Zuge. Aus flachen Schalenblüten nippen vor allem Schwebfliegen, Fliegen und verschiedene Blütenkäfer. So hat meist jeder sein »Stammlokal«.

Die Bewirtung ist nicht einfach. Bietet die Blüte zu viel Nektar, so werden die Gäste schnell satt und sitzen faul in der Sonne, anstatt weitere Blüten zu bestäuben. Das kommt vor allem bei Schmetterlingen, Fliegen und Käfern vor, die nur für den eigenen Magen sammeln. Bietet die Blüte zu wenig, suchen sich die Besucher enttäuscht etwas Besseres.

Manchmal zeigt die Blüte ihren Gästen schon von Weitem, ob ein Besuch sich überhaupt lohnt. In den weißen Kerzen der Rosskastanie zum Beispiel kann man zweierlei Blütenzeichen entdecken. Gelbes Saftmal und Duft bedeutet – junge Blüte, viel Nektar. Rotes Saftmal und anderer Duft heißt – bestäubte Blüte, leer. Bienen und Hummeln lernen das schnell und sparen sich dann vergebliche Besuche.

An den Blüten des Eisenhuts ist gerade ein Einbrecher am Werk! Der Nektar steckt hier in der Helmspitze. Oft ist es den Hummeln zu mühsam, sich durch das enge Tor bis dorthin vorzuarbeiten und dabei die Blüte zu bestäuben. Sie beißen einfach von außen ein Loch in den Helm und stibitzen den Nektar, ohne der Blüte dafür einen Dienst zu erweisen. Und ist erst einmal ein Loch da, dann nutzen auch andere diese Gelegenheit zum Diebstahl.

I Blüten, die vor allem von Hummeln besucht werden
① Weiße Taubnessel
② Beinwell
③ Hornklee
④ Rotklee
II Blüten, die vor allem von Schmetterlingen besucht werden
① Rote Lichtnelke
② Kratzdistel
③ Tauben-Skabiose
④ Taubenkropf-Leimkraut
III Blüten, die vor allem von Schwebfliegen, Fliegen und Blütenkäfern besucht werden
① Scharfer Hahnenfuß
② Wilde Möhre
③ Wiesen-Bärenklau

Der Trick des Wiesensalbeis

Inzwischen ist der Sommer eingezogen. Auf manchen Wiesen kann man Blumen in bunter Fülle finden. Jede versucht auf ihre Weise mit vielerlei Tricks, die Bestäubung und damit die Samenbildung zu sichern. Für sie alle ist das ja das Wichtigste. Deshalb sorgen sie dafür, dass es bestimmt klappt.

Wie das der Wiesensalbei macht, wollen wir nun beobachten. Seine dunkellila Blüten sitzen in kleinen Kränzen rund um den Stängel. Die Unterlippe ist ein guter Landeplatz für Bienen und vor allem Hummeln. In den jungen, eben aufgegangenen Blüten sind die Staubblätter in der Oberlippe verborgen. Ganz vorne spitzt die Narbe wie eine gespaltene Schlangenzunge hervor ①.

Wenn die Biene ihren Kopf tief in den Schlund der Blüte bohrt, drückt sie unten gegen die Staubblätter und diese klappen aus dem Schutzdach heraus. Wie zwei kleine Hämmerchen hauen sie dem Gast eine Ladung Pollen auf den Rücken ②. Du kannst selbst einmal Biene spielen: Schieb vorsichtig einen Grashalm in den Blütenrachen und schon kommen die Staubblätter zum Vorschein. Ziehst du ihn zurück, verschwinden sie wieder.

In älteren Blüten welken die Staubblätter, dafür wächst nun die Narbe weit herunter. Beim Besuch einer solchen Blüte streifen die Bienen den Pollen an ihr ab ③.

Aber wäre es nicht viel einfacher, wenn in einer Blüte der eigene Pollen auf die eigene Narbe fiele? Ja, aber bei einer solchen *Selbstbestäubung* entsteht in der Regel kein gesunder, keimfähiger Samen. Damit der Pollen möglichst aus einer *anderen* Blüte stammt, haben Blumen wie der Wiesensalbei einen Trick: Sie lassen zunächst den Pollen reifen und später erst wird die Narbe bereit, Pollen aufzunehmen.

Siehst du den Kohlweißling? Für ihn ist die Salbeiblüte eigentlich nicht gebaut. Mit seinem dünnen, langen Rüssel holt er sich den Nektar, ohne die Staubblätter herauszuhebeln. Und nun hat die Blüte das Nachsehen und muss auf den nächsten Besucher warten.

Gefangen und betrogen

Manchmal ist aus dem freundlichen Zusammenspiel von Blüten und Insekten sogar ein einseitiges Ausnutzen geworden. Bei einer Blume, die ihre Gäste immer wieder in die Falle lockt, kann man wohl nicht mehr von Freundschaft sprechen, oder?

Der Aronstab ist eine sehr seltsame Pflanze. Im Frühjahr wächst ein spitzes, bleiches Blatt empor, das eine blasslila Keule umhüllt. Diese leuchtet nicht nur recht unheimlich im Dämmerlicht des Waldes, sie stinkt auch gewaltig. Jedenfalls für unsere Nasen! Der Geruch nach Tierkot und Aas bedeutet für Fliegen und Aaskäfer Nahrung und einen guten Platz, die Eier abzulegen. Deshalb findet diese unfeine Gesellschaft den Aronstab so anziehend.

Vor allem kleine Schmetterlingsmücken versuchen dort zu landen, rutschen ab und purzeln in den Kessel. Wenn man das Hüllblatt aufschneidet, sieht man, was mit ihnen passiert: Aus Gästen werden Gefangene! Die Wände sind durch kleine Öltröpfchen so glatt, dass niemand hinausklettern kann, und außerdem versperrt ein Kranz harter Borsten wie ein Gitter den Ausgang. Schlecht geht es den Insassen nicht, denn hier ist es deutlich wärmer als draußen. Ruhelos kriechen sie umher, streifen den mitgebrachten Pollen an den weiblichen Blüten ab und holen sich dabei die Nektartröpfchen. Erst in der folgenden Nacht öffnen sich die Staubbeutel im oberen Teil der Blüte und der gelbe Puder nebelt die Gefangenen ein. Am Morgen werden die glatten Wände runzlig, das Sperrgitter durchlässig und einer nach dem anderen krabbelt in die Freiheit.

Bald fallen sie jedoch auf die verlockenden Düfte des nächsten Aronstabes herein. Und wieder erwartet sie dort nicht ein guter Platz für ihre Eier, sondern eine Rutschbahn ins Gefängnis. Solche *Kesselfallenblüten* sind im großen Reich der Blumen aber eine Ausnahme.

In der Kesselfalle des Aronstabes sind kleine Schmetterlingsmücken gefangen.

Die lautlose Verteidigung

Pflanzen sind die Grundlage für alles Leben auf der Erde. Im Haushalt der Natur scheint es ihre Aufgabe zu sein, anderen das Leben zu ermöglichen: Sie sind Nahrung für die meisten Erdbewohner.

Überall und ohne Unterlass machen sich hungrige Tiermäuler über sie her. Denk nur an Kühe, die Gras mampfen, oder an Schnecken, die über Nacht die zarten Pflänzchen wegputzen.

Es knabbert und schmatzt, es nagt und raspelt an Zweigen und Blättern, an Samen und Früchten. Aber allen Pflanzenfressern zum Trotz – die Pflanzen überleben. Wie schaffen sie das?

Es hilft ihnen eine ganz einzigartige und erstaunliche Fähigkeit. Auch du hast sie schon oft gesehen. Kaum ist das Gras gemäht, wächst es schon wieder nach! Pflanzen können unaufhörlich wachsen, ihr ganzes Leben lang – bis zu ihrem Tod. Meist werden sie ja nicht ganz zerstört. Dann mobilisieren sie alle Kräfte, um die verlorenen Teile wieder zu ersetzen, vor allem auch die Blätter. Denn hier entstehen mithilfe des Lichts die Nährstoffe, die sie zum Leben brauchen. Pflanzen können vor ihren Feinden weder davonlaufen noch sich verkriechen. Sie können sich aber wehren, und manchmal sehr erfolgreich! Wie das die Brennnessel macht, weißt du sicher selbst. Bei der geringsten Berührung brechen die feinen Brennhaare ab und eine beißende Säure wird dem Angreifer in die Haut gespritzt.

(1) Reh
(2) Kuh
(3) Wildkaninchen
(4) Eichhörnchen
(5) Hamster
(6) Waldmäuse

Brennnessel

Heckenrosen, Disteln und andere Blumen verteidigen sich mit ihren Stacheln und Dornen. Scharfe Zähnchen, Borsten oder klebrige Drüsen auf den Blättern können auch recht unangenehm sein.

Was nicht gut schmeckt, wird nicht gefressen! Das wissen auch die Pflanzen. Ätzende und bittere Stoffe vergällen den Appetit. Der Scharfe Hahnenfuß bleibt auf abgeweideten Wiesen oft unberührt in kleinen Inseln stehen. Die Kühe verschmähen ihn, denn er enthält ein scharf schmeckendes Gift. Auch nadelspitze Kristalle und unverdauliche Teile zwingen die gefräßigen Feinde, weiterzuziehen und sich etwas Besseres zu suchen.

Für diese Abwehr nutzen Pflanzen ihre *Abfallstoffe*, die sie ja nicht wie die Tiere ausscheiden können, sondern in den Blättern ablagern. Es ist ein lautloses, verborgenes Ringen ums Überleben. Da der Kampf nicht so dramatisch wie bei Tieren abläuft, nehmen wir wenig Notiz davon.

Seit Jahrmillionen gelingt es den meisten Blumen zu blühen, Samen zu bilden und so ihr Weiterbestehen zu sichern. Immer wieder konnten sie ihre »Schatzkammer« vor Feinden retten. Heute aber sind sie bedroht, und zwar von den Menschen.

Denn gegen die Vernichtung des Lebensraumes, gegen Gifte im Boden, im Wasser und in der Luft sind Pflanzen wehrlos. Schon sind viele Blumenarten gefährdet oder bereits ausgerottet.

7 Singdrossel
8 Große Wegschnecke
9 Schnirkelschnecke
10 Maikäfer
11 Heuschrecke
12 Kartoffelkäfer
13 Schmetterlingsraupen

Heckenrose

Die Blumen-Uhr

Die Sommernacht ist vorüber. Ein heller Schein am Himmel verkündet den neuen Tag. Nun gehen als Erste die Knospen der Heckenrose (1) auf und verströmen einen zarten Duft. Nacheinander öffnet sich im Laufe des Tages eine Reihe von anderen Blumen. Nur für wenige Stunden bilden die Blüten reichlich Nektar und Pollen für die Insekten. Dann versiegen diese Quellen und später schließen sich die Tore. Dies geschieht manchmal so pünktlich, dass man daran die Tageszeit ablesen kann, fast so genau wie auf einer Uhr. Einige Beispiele solch einer *Blumen-Uhr* sind hier zu sehen.

In der Morgendämmerung sprengt der Klatschmohn (2) seine Kelchblätter ab und dehnt seine zerknitterte Krone. Die blitzeblaue Wegwarte (3) geht zusammen mit der Sonne auf. Im Laufe des Vormittags folgen dann Ackerwinde (4), Stängelloser Enzian (5), Tulpe (6) und Tausendgüldenkraut (7). Ziemlich genau zu Mittag platzen die Knospen der Passionsblume (8) – einer Zimmerpflanze – auf.

Schmetterlinge sind besonders dann unterwegs, wenn ihre Lieblingsblumen viel Nektar haben.

(13) Taubenschwänzchen
(14) Bläuling
(15) Großer Kohlweißling

Am Nachmittag schließen sich Wegwarte ③, Karthäusernelke ⑨ und Ackerwinde ④ schon wieder, später die Weiße Seerose ⑩. Nun öffnen sich andere Blumen, zum Beispiel die Nachtkerze ⑪. Sie locken in der Abenddämmerung mit hellen Blüten und betörendem Duft ihre späten Besucher.

In der Dunkelheit, wenn ringsum alles schläft, ist es Zeit für die Königin der Nacht ⑫. Nur für eine einzige Nacht entfaltet sich diese wunderbare Kakteenblüte, die ihren Namen von einer griechischen Mondgöttin hat. So bieten von morgens bis abends immer wieder andere Blüten eine lohnende Kost für die Insekten. Wenn alle zur gleichen Zeit bereit wären, würden sie sich gegenseitig die Gäste weglocken.

Bei Regen bleiben viele Blumen geschlossen, damit Nektar und Pollen nicht verwässern. Auch die Insekten schützen sich in einem Versteck. Herniedersausende Tropfen könnten ihre zarten Flügel beschädigen oder verkleben.

⑯ Admiral
⑰ Segelfalter
⑱ Blutströpfchen
⑲ Gammaeule
⑳ Ligusterschwärmer
㉑ Tigermotte

Das Blütenhaus

Auf Waldlichtungen und in manchen Gärten stehen die hohen Blütenstände des Fingerhuts ①. Dicht gedrängt baumeln die rosa Hütchen herab, deren Eingang mit einem Saftmal aus dunklen Punkten gut markiert ist. Du solltest aber deinen Finger lieber nicht hineinstecken! Erstens ist diese Blume giftig, zweitens könnte gerade eine Hummel darinnen sein. Hummeln lieben diese Blüten als Unterschlupf und Schutz vor Gewitterregen und Tau.

Würdest du auch gerne in einem Rosenhaus wohnen? Hier auf dem Bild ist der Mieter ein grün schillernder Rosenkäfer ②. Er bewohnt eine der schönsten Gartenrosen, eine Gloria Dei ③. Meist richtet er wenig Schaden an und mampft nur etwas von dem reichlichen Pollen.

Tief vergraben zwischen den duftenden Blütenblättern haben manchmal winzige Käfer ihr Zuhause. Aber auch in Disteln und anderen Blütenköpfchen wimmelt es oft von kleinsten Insekten und ihren Larven.

Auch Spinnen nisten sich häufig in den älteren, kugeligen Blüten der Wilden Möhre ④ ein. Die Krabbenspinne ⑤ lauert reglos auf der Margerite ⑥ und fängt ihre Beute ohne Netz. Sie kann sich gut tarnen und ihre Körperfarbe ziemlich genau der Blütenfarbe anpassen. Deshalb hat die Biene ⑦ sie ganz übersehen und nun ist es zu spät zur Flucht.

Blumengeschichten

Was gibt es nicht alles über Blumen zu erzählen! Vom Großen Wegerich ① zum Beispiel. Er wuchs früher nur in Europa. Als die Siedler von hier aus nach Nordamerika auswanderten, trugen sie an Kleidern und Schuhen den Samen mit ins fremde Land. Dieser zähe Begleiter breitete sich rasch aus, denn weder Fußtritte noch Wagenräder konnten ihm etwas anhaben. Die Indianer nannten ihn deshalb »die Fußspur des weißen Mannes«.

Die Zwiebeln der wilden Tulpe wurden eines Tages von Reisenden aus Vorderasien nach Holland gebracht. Bald waren die Menschen dort wie besessen von dem Wunsch, diesen Fremdling zu besitzen. Das »Tulpenfieber« brach aus! Mancher opferte sein ganzes Vermögen für eine einzige Zwiebel. Heute kann man Tulpen ② überall recht billig kaufen.

In vielen Blumennamen steckt ein Hinweis auf Farbe, Form oder Lebensweise der Pflanzen. Wem die Tigerlilie ③ gleicht, ist hier leicht zu sehen. Und kannst du dir denken, woher Osterglocken ihren Namen haben? Die blaue *Weg*warte ist am *Weg*rand zu Hause. In manchen Gegenden wird sie auch Wegeleuchte, Wegweiser oder Wegwächter genannt. Damit es keine Verwirrung gibt, haben Fachleute die Blumen übersichtlich geordnet. Jede hat einen lateinischen Namen bekommen, der in allen Ländern gültig ist.

Glockenblumengewächse
Blüte wie eine Glocke
① Acker-Glockenblume
② Wiesen-Glockenblume
Korbblütler
Viele Einzelblüten in einem Blütenkorb
③ Wegwarte
④ Wiesen-Flockenblume
⑤ Gänseblümchen
⑥ Margerite
⑦ Löwenzahn
Schmetterlingsblütler
Blüte gleicht einem Schmetterling
⑧ Esparsette
⑨ Rotklee
⑩ Vogelwicke
1
3
4
5
6
8
2
7
11
9

Ordnung auf der Sommerwiese

Siehst du die kleinen Gänseblümchen? Auf der ganzen Welt sehen sie alle gleich aus. Sie gehören alle einer Art an und heißen auf Lateinisch *Bellis perennis.*
Das Gänseblümchen hat Verwandte, deren Blüten ähnlich aufgebaut sind. Gemeinsam mit diesen Verwandten bildet es eine *Familie.* So gehören Gänseblümchen, Margerite, Löwenzahn und andere Arten zur Familie der *Korbblütler.* Der Name beschreibt sehr gut den Bau dieser Blüten: Wie in einem Körbchen sind viele einzelne Blüten vereint, sodass sie aussehen wie eine große Blüte. Für die Familie der *Glockenblumengewächse* ist das fünfzipfelige Glöckchen typisch. Die Mitglieder jeder Blumenfamilie haben also bestimmte gemeinsame Merkmale. Alle Familien bilden zusammen das große *System* der *Blütenpflanzen* und jede Art hat dort ihren eigenen Platz.
Es macht Spaß, einige Blumen in einem Album oder Herbarium zu sammeln. Der Scharfe Hahnenfuß hier auf dem Bild wurde zwischen Löschpapier oder Zeitungen gelegt, unter einem Ziegelstein gepresst und dann auf Papier geklebt. Zum Aufbewahren ist eine Klarsichtfolie ein guter Schutz.
Ein Bestimmungsbuch kann dir helfen, die Blumennamen herauszufinden. Dort sind alle Pflanzen abgebildet und eine davon gleicht sicher auch deiner. Wichtig ist, dass du dir die ganze Pflanze genau ansiehst. Sind ihre Blätter rund oder spitz? Welche Farbe haben die Blüten? Sind die Stiele aufrecht oder kriechen sie am Boden? Weißt du auch noch, wo der Standort der Blume war? Hast du sie im Wald, auf der Wiese oder am Wegrand gefunden? Pass auf, bald wirst du ein richtiger Blumenexperte!

Von Mohnpüppchen und Blütenbildern

Blumen pflücken auf einer Sommerwiese, das ist sehr verlockend! Für einen dicken Strauß sind diese *Wildblumen* aber viel zu kostbar. Natürlich möchte man zu Hause ihre Schönheit genießen oder ihre Blüten mit einem Vergrößerungsglas ganz genau studieren. Hierfür reichen jedoch wenige Exemplare. Zwischen feuchtem Papier bringt man sie behutsam heim. Dort schneidet man sie nochmals ab, damit sie in der Vase rasch wieder die Köpfe heben.
Manche Blumen sind heute so selten geworden, dass man ihnen überhaupt keine Blüte »rauben« darf. Sie brauchen jede einzelne, um Samen zu bilden. Sonst ist das Weiterbestehen dieser *geschützten Pflanzen* in Gefahr.
Von den *Wildkräutern* jedoch, die oft verächtlich Unkräuter genannt werden, kannst du schon einige mit nach Hause nehmen. Es sind wunderhübsche Blumen wie Löwenzahn, Hahnenfuß oder Gänseblümchen. Auch die Wilde Möhre und der Klatschmohn können ohne Schaden ein paar Blütenstände, Knospen und Fruchtkapseln entbehren. Pass auf, was man damit alles machen kann.
Wenn man bei den abgeschnittenen Mohnknospen ① die Kelchblätter vorsichtig zur Seite zieht, kommen die feuerroten Blütenblätter zum Vorschein. Sie sind das Kleid der kleinen

Mohnpüppchen. Als Kopf dient eine grüne Kapsel ②. Ihren Stiel schneidet man ab und drückt an dieser Stelle mit einem spitzen Bleistift ein kleines Loch hinein. Nun setzt man die Kapsel auf das Stielende der Knospe und fertig ist die Dame! Manchmal mag sie nicht stehen bleiben, dann hilft ein bisschen Knetgummi unter dem roten Rock. Vielleicht ist sie müde und macht es sich in einem Blütenbett bequem?
Wenn draußen den ganzen Tag der Regen rauscht, könntest du aus gepressten Blüten und Blättern allerhand Bilder erfinden. Einen kleinen Kranz aus Gänseblümchen, Vergissmeinnicht oder Stiefmütterchen? Eine Prinzessin aus Blütenblättern? Sicher fällt dir vieles dazu ein. Am besten, du fängst gleich an, dir einen Vorrat gepresster Pflanzenteile anzulegen. Alles, was nicht zu dick und zu saftig ist, eignet sich dafür. Besonders schön sind auch Gräser, Farne, bunte Herbstblätter und natürlich ein vierblättriges Kleeblatt. Etwas Geduld brauchst du schon. Es kann drei Wochen und länger dauern, bis alle Teile in der Presse ganz glatt und trocken sind. Dann erst solltest du die zerbrechlichen Blättchen herausnehmen und mit einem winzigen Tupfer Klebstoff befestigen. Aber die Mühe lohnt sich! Für deine liebsten Freunde kannst du nun Briefe, Einladungskarten oder Geschenke schmücken.

Blumenzauber

Inzwischen ist es Herbst geworden. Zeit, um in Beeten und Balkonkästen Stiefmütterchen anzupflanzen, die gerade jetzt besonders schön und in vielerlei Farben blühen. »Schiefgesichtchen« nennt sie der Gärtner. Auf Wiesen und Feldern findet man sie nirgends, nur in Gärten. Woher kommen eigentlich diese Gartenblumen?
Ähnlich wie ein Zauberer aus seinem Zylinder Überraschungen hervorzaubert, so können Blumenzüchter aus einer wild wachsenden Blume eine Gartenblume entstehen lassen. Sie brauchen dazu allerdings viele Jahre. Solch eine *Wildform* ist das unscheinbare Ackerstiefmütterchen am Feldrand. Zusammen mit anderen wilden Verwandten ist aus ihm eine *Kulturform*, das Gartenstiefmütterchen, gezüchtet worden.
Aber aus dem Samen des Ackerstiefmütterchens wächst doch wieder ein Ackerstiefmütterchen! Ebenso wie aus dem Löwenzahnsamen wieder ein Löwenzahn. Jeder Same trägt nämlich eine Botschaft in sich. Sie sagt ihm genau, was aus ihm einmal werden soll, welche Blütenform und welche Blütenfarbe er bilden muss.
Hin und wieder gerät diese Botschaft aber plötzlich durcheinander. Dann kann man in der Natur Blumen finden, die ein klein wenig anders aussehen als ihre Artgenossen.
Vielleicht hat ein aufmerksamer Blumenfreund einmal ein Ackerstiefmütterchen mit einer etwas größeren Blüte entdeckt. Er pflegte es in seinem Garten und freute sich, dass die Nachkommen auch so großblumig waren. Die neue Botschaft im Samen hatte sich also vererbt.
Später haben Blumenzüchter mit viel Zeit und Mühe die Botschaften in den Stiefmütterchen immer wieder künstlich gemischt und mit bestimmten Stoffen verändert. Dabei entstanden ungeheuer viele neue Spielarten der Blüte.
Nur die größten, schönsten und widerstandsfähigsten durften weiterwachsen und Samen bilden. So ist im Laufe der Zeit das Gartenstiefmütterchen herausgezüchtet worden. Ackerstiefmütterchen und andere Wildformen sind seine Vorfahren. All unsere Gartenblumen haben solch »wilde Ahnen« in ihrem Stammbaum.
Übrigens, 25 Stiefmütterchen schauen dich hier an. Nur zwei davon sind sich zum Verwechseln ähnlich. Kannst du sie finden?

1
2

Vom Welken und Verblühen im Herbst

Den ganzen Sommer über drehte die Sonnenblume ① ihr Gesicht nach Süden, der Sonne entgegen. Nun, im Herbst, neigt sie den Kopf unter der Last der Samen. Die Blütenblätter welken und sinken zu Boden. Und mit ihnen geht auch das Leben vieler Insekten zu Ende.

Die Aufgabe der meisten Blüten ist jetzt erfüllt. Endlich öffnen sie ihre Schatzkammern – die reifen Samen sind frei! Gut geschützt liegt ein kleiner Pflanzenembryo in jedem von ihnen. Nun starten sie ins eigene Leben, verteilen sich weit übers Land und sichern so die Vermehrung der Blumen. Hierbei helfen ihnen wieder die gleichen Boten wie schon beim Pollentransport.

Leichte Samen wandern mit dem Wind. Löwenzahnsamen schweben an kleinen Schirmchen davon ③. Mohnsamen ④ werden aus der schwankenden Kapsel geschüttelt.

Schwere Samen schaffen die Reise nur mithilfe der Tiere. Die Kohlmeise ② wird sicher unterwegs manchen Sonnenblumenkern verlieren und so zur Ausbreitung der Blume beitragen. Viele wird sie jedoch auch verspeisen. Solch ein Verlust ist ein hoher Preis, den Blumen für den Transport zahlen müssen. Aber nicht immer! Veilchensamen ⑥ besitzen einen kleinen, schmackhaften Anhang, extra zum Abknabbern für die Ameisen. Dabei verschleppen sie die Samen, die dann unbeschädigt liegen bleiben. Deshalb findet man entlang der Ameisenwege oft eine »Veilchenallee«. Kennst du die stacheligen Kletten ⑦? So wie in unsere Socken haken sie sich als blinde Passagiere auch ins Fell vieler Tiere.

Manchmal hilft die Mutterpflanze selbst bei der Verbreitung ihrer Kinder. Das Springkraut ⑤ zum Beispiel nennt man auch »Rühr mich nicht an«. Bei einer kleinen Berührung explodieren nämlich die reifen Früchte und schießen die Samen viele Meter weit weg.

Überall verstreut liegen nun die Samen in Ritzen und Spalten der Erde. Meist ist ihre Entwicklung in dieser Zeit durch die *Samenruhe* gehemmt. So kann sie auch ein milder Herbst nicht zum Auskeimen verlocken. Vor dem kalten Winter wäre das ihr Verderben.

Blumenfreuden im Winter

Vorbei ist draußen nun das bunte Blumenjahr! Richtige Blumenfreunde haben aber vorgesorgt und sich ein wenig von der sommerlichen Pracht für den Winter aufbewahrt. Manche Blumen kann man nämlich trocknen.
Strohblumen ① zum Beispiel halten dabei ihre Farbe und Form besonders gut. Im Sommer schneidet man sie kurz vor dem Aufblühen ab und hängt sie kopfüber an einen trockenen, dunklen Ort. Jetzt im Herbst steckt man sie zu schönen Trockensträußen zusammen. Rosenknospen ②, Geranien ③ und Schafgarben ④ aus dem Garten eignen sich auch gut dazu. Oder ein paar Getreideähren und Gräser.
Wenn man die Nase in getrocknete Blütenblättchen von Rosen und Lavendel ⑤ steckt, kann man fast denken, es sei noch Sommer. Man bewahrt sie in einem geschlossenen Gefäß auf, damit ihr Duft erhalten bleibt. Oder man legt sie extra zum Verduften in einem kleinen Stoffsäckchen in den Schrank. Vor allem aber in *Parfüms* aus Rosen und Lavendel, Maiglöckchen und Veilchen nutzen wir für uns die herrlichen Blütendüfte, die eigentlich Insekten anlocken sollten.
Jetzt im Herbst kannst du zu deinem Herbarium auch eine kleine Samensammlung anlegen, mit Sonnenblumenkernen, den Samen der Kapuzinerkresse ⑥ oder was du sonst noch findest. Wenn du die Kapuzinerkresse im nächsten Jahr wieder aussäst, kannst du die Blumen-Uhr von Neuem ablaufen lassen.

Wenn draußen alles kalt und starr ist, möchten sich viele Menschen trotzdem mit etwas Lebendigem beschäftigen, zum Beispiel mit grünenden, blühenden Zimmerpflanzen. Sie sind ganz auf unsere Versorgung mit Wasser, Nährstoffen und Licht angewiesen. Hin und wieder müssen wir die meisten von ihnen abduschen, da kein Regen ihre Blätter abwaschen kann.

Die Wildformen vieler Zimmerpflanzen stammen aus fernen Ländern. Natürlich hat man zur Züchtung vor allem solche ausgewählt, die im Winter blühen, wie etwa den Weihnachtskaktus ⑦.

Auch der Weihnachtsstern leuchtet im Zimmer mit seinen Blüten. Aber halt, das sind ja nur *Scheinblüten* aus weißen, oft auch roten Blättern ⑧! Sie haben die Aufgabe der Blütenblätter übernommen. Die eigentliche Blüte ⑨ sitzt ganz klein und unscheinbar in der Mitte. Die herrlichen weißen und roten Blüten des Rittersterns ⑩, auch Amaryllis genannt, mag ich besonders gern. Hast du auch eine Lieblingsblume?

So machen uns Blumen das ganze Jahr hindurch froh und heiter. Über den kunstvollen Bau der Blüten müssen wir immer wieder staunen. Ihre Pracht und vielfältige Schönheit ist aber eigentlich nicht für uns Menschen gemacht, sondern für die Blütengäste. Sie haben den Blumen unermüdlich geholfen, Samen zu bilden. Nur so kann im Frühling das millionenfache Aufblühen wieder beginnen.

Was alles in diesem Buch steht

Blumen sind Lebewesen besonderer Art (Seite 78/79)
Was Pflanzen und Tiere gemeinsam haben und was sie unterscheidet

Vom Wachsen und Blühen im Frühling (Seite 80/81)
Von der Tulpenzwiebel, die aus der Winterruhe erwacht · Woran Blumen die Jahreszeiten erkennen

Die Blüte als Schatzkammer und Gaststube (Seite 82/83)
Was alles zu einer Blüte gehört und was ihre Aufgaben sind · Von Farben, Düften und geheimen Wegweisern für Blütengäste

Fliegende Boten tragen den Pollen aus (Seite 84)
Wie Bienen die Blumen bestäuben und dafür reichen Lohn nach Hause tragen

Die Reise mit dem Wind (Seite 85)
Von unscheinbaren Blüten, die ihren Pollen vom Wind davontragen lassen

Einer hilft dem anderen (Seite 86/87)
Von der Freundschaft zwischen Blumen und Insekten und wie sie gegenseitig ihr Weiterbestehen sichern

Blütennektar für viele Gäste (Seite 88/89)
Wie die Insekten an den Nektar gelangen · Von gelehrigen Besuchern und einem faulen Dieb

Der Trick des Wiesensalbeis (Seite 90)
Von Hämmerchen und Schlangenzungen · Wie manche Blumen die Selbstbestäubung verhindern

Gefangen und betrogen (Seite 91)
Warum der Aronstab so stinkt · Wie aus Gästen Gefangene werden

Die lautlose Verteidigung (Seite 92/93)
Wie es manchen Pflanzen gelingt, sich vor gefräßigen Tieren zu schützen · Warum ihr Weiterbestehen durch die Menschen gefährdet ist

Die Blumen-Uhr (Seite 94/95)
Wann Blüten sich öffnen und schließen und warum sie ihre Gäste nur zu bestimmten Zeiten bewirten

Das Blütenhaus (Seite 96)
Von Blüten als Unterschlupf für Insekten und als Räuberhöhle für Spinnen

Blumengeschichten (Seite 97)
Über die Heimat einiger Blumen, ihre Namen und die nützliche lateinische Sprache

Ordnung auf der Sommerwiese (Seite 98/99)
Vom kleinen Gänseblümchen und dem großen System der Blütenpflanzen · Wie man Blumen ordnet und ein Herbarium anlegt

Von Mohnpüppchen und Blütenbildern (Seite 100/101)
Wildblumen und geschützte Pflanzen · Was man aus Blüten alles machen kann

Blumenzauber (Seite 102/103)
Vom Gartenstiefmütterchen und seinen wilden Vorfahren

Vom Welken und Verblühen im Herbst (Seite 104/105)
Abschied von den Blüten und ihren Gästen · Von reifen Samen und ihrer Verbreitung durch Wind und Tiere

Blumenfreuden im Winter (Seite 106/107)
Von Trockensträußen und Sommerduft · Von Blumen, die im Zimmer blühen

Auf und ab –
so ändert sich der Sonnenstand
im Laufe eines Jahres
und mit ihm alles Leben
auf der Erde.